RSA暗号を可能にした
Eulerの定理

田中 隆幸

東京図書出版

まえがき

RSA暗号（設計者 Ron **R**ivest , Adi **S**hamir , Len **A**dleman の頭文字をつなげてこのように呼ばれる．2002年，3名はチューリング賞を受賞している）という現代の暗号システムは，整数論におけるオイラーの定理を基に設計されている．オイラーの定理と呼ばれるものは複数存在し，$e^{\pi i} = -1$ などが有名であるが，ここでは数論における「オイラーの定理」（第10講参照）を指す．実はこのような暗号に興味をもったのは，映画『イミテーション・ゲーム』を観たのがきっかけであった．この映画は，第2次世界大戦中ドイツ軍の暗号システム「エニグマ」の解読に取り組んだ，イギリスの数学者アラン・チューリングの生涯を綴ったものであった．

2016年夏，高校生を中心とした30数名を対象に「RSA暗号を可能にした整数論におけるオイラーの定理」という題で2時間程の講義を行った．その時の講義ノートやテキストを再構成し，整数論の内容を補足して本書はできあがった．初等整数論を，RSA暗号の理解という目的に限定してまとめるつもりであったが，思いの外関連事項が増えてしまった．「数学は科学の女王であり，数論は数学の女王である」と言ったのはガウスであったが，その気品と美しさのせいか，当初の目的を忘れ，楽しい時間を過ごせた．

2017年1月

田中　隆幸

第 1 講	数学的帰納法	………	1
第 2 講	素数 1	………	5
第 3 講	除法の原理 / Euclid の互除法	………	8
第 4 講	互いに素な整数	………	11
第 5 講	GCD・LCM の性質	………	15
第 6 講	素数 2	………	18
第 7 講	合同式とその性質	………	20
第 8 講	合同式の方程式	………	23
第 9 講	Fermat の小定理	………	28
第 10 講	Euler の定理	………	31
第 11 講	指数 / $\bmod m$ の原始根	………	33
第 12 講	Euler 関数　1	………	37
第 13 講	Euler 関数　2	………	40
第 14 講	原始根	………	44
第 15 講	Dirichlet の反転公式	………	47
第 16 講	単純 RSA 暗号	………	51
第 17 講	RSA 暗号	………	58
第 18 講	RSA 暗号を可能にする数学的背景	………	62
演習問題解答		………	65
参考文献		………	92
用語 & 記号一覧		………	92

第1講　数学的帰納法

自然数の集合を $\mathbf{N}$ とする．以後の為に整数全体の集合を $\mathbf{Z}$,有理数全体の集合を $\mathbf{Q}$ としておく．「数学的帰納法」とは，
命題 $P(n)$ ($n \in \mathbf{N}$) を証明するのに，

「数学的帰納法1」

(I) $\mathbf{P(1)}$ が成り立つことを言う．

(II) $\mathbf{n = k}$ のとき $\mathbf{P(k)}$ が成り立つと仮定して，

$\mathbf{P(k+1)}$ が成り立つことを証明する．

以上をもって，すべての自然数 n で $P(n)$ が成り立つと結論する．
我々は次の性質を仮定する．

(∗)　　空集合でない $\mathbf{N}$ の部分集合は，最小元をもつ

数学的帰納法は (∗) から導かれる．(以下その証明)

(Proof)

① $\{n \in \mathbf{N} \mid P(n)$ が成り立たない $\}$ を集合 $\mathcal{M}$ とする．

② $\mathcal{M}$ が空集合でないと仮定（背理法の仮定）する．

③ $\mathcal{M}$ は $\mathbf{N}$ の部分集合であるから，(∗) から最小元 m を持つ．

④ m は $\mathcal{M}$ の最小元だから，$m-1$ は $\mathcal{M}$ に属さない．

⑤ すなわち，$P(m-1)$ は成り立つ．

⑥ よって，数学的帰納法 (II) から，$P(m)$ は成り立ち，$m \notin \mathcal{M}$ となる．

⑦ これは m が $\mathcal{M}$ の元（最小元）であることに矛盾する．

⑧ したがって，背理法より $\mathcal{M}$ は空集合である．

⑨ ⑧は，すべての自然数で $P(n)$ は成り立つことを意味する．

（証明了）

この他に

「数学的帰納法 2」

(I) $P(1)$, $P(2)$ が成り立つことを言う．

(II) $n = k-1$, k のとき

$P(k-1)$, $P(k)$ がともに成り立つと仮定して，

$P(k+1)$ が成り立つことを証明する．

「数学的帰納法 3」

(I) $P(1)$ が成り立つことを言う．

(II) $n = 1, 2, \cdots, k$ のとき

$P(1), P(2), \cdots, P(k)$ がすべて成り立つと仮定して，

$P(k+1)$ が成り立つことを証明する．

等もあるが，いずれも $(*)$ を仮定して背理法を用いて証明できるので，

帰納法の仮定の個数は有限個ならばいくつ仮定しても構わない．

Example.

1 つの天秤と $1, 2, 2^2, \cdots, 2^{n-1}$ kg の n 個のおもりが与えられている．
$1 \leqq N \leqq 2^n - 1$, $N \in \mathbf{N}$ の範囲にある，重さ N の荷物とおもりの何個かを皿 A に，別の何個かを皿 B にのせることによって，荷物の重さが計れることを示せ．

解答

$n = 4$, $N = 11$ kg の場合

(I) $n=1$ のとき，$N=1$ の重さは 1kg のおもりで計れる．

(II) $n=k$ のとき，

(∗) 　$1, 2, 2^2, \cdots, 2^{k-1}$ kg の k 個のおもりを使って

　$1 \leqq N \leqq 2^k - 1$, $N \in \mathbf{N}$ の範囲にある，すべての重さ Nkg が計れる．

と仮定する．

　$n = k+1$ のとき，

$1 \leqq N \leqq 2^k - 1$ のときは，帰納法の仮定から $1, 2, 2^2, \cdots, 2^{k-1}$ kg のおもりで計れるから，

$$2^k \leqq N \leqq 2^{k+1} - 1, \ N \in \mathbf{N}$$

の範囲で考えればよい．

　$1, 2, 2^2, \cdots, 2^{k-1}$ kg のおもりに加えて，2^k kg のおもりが加わる．2^k kg のおもりを皿 B にのせる．$M = N - 2^k$ として，$M = N - 2^k$ の重さが，$1, 2, 2^2, \cdots, 2^{k-1}$ kg のおもりで計れれば，N の重さも計れることになる．

$$2^k \leqq N \leqq 2^{k+1} - 1 \iff 0 \leqq M \leqq 2^k - 1$$

$M = 0$ の重さは計れるので，

$$1 \leqq M \leqq 2^k - 1$$

の重さが計れればよい．

帰納法の仮定 (∗) から，$1, 2, 2^2, \cdots, 2^{k-1}$ kg のおもりで M が計れる．

したがって，$1, 2, 2^2, \cdots, 2^{k-1}, 2^k$ kg のおもりで N が計れる．

$n = k+1$ のときも題意は成り立つ．

(I), (II) からすべての自然数 n で題意は成り立つ． □

演習問題　1

1

n は自然数，$3^{2^n} - 1$ は 2^{n+2} で割り切れるが 2^{n+3} では割り切れないことを証明せよ．

2

p, q は正の整数とし，2次方程式 $x^2 - px - q = 0$ の2つの実数解を α, β とする．$A_n = \alpha^n + \beta^n$ とおくとき，すべての正の整数 n について，次の事柄が成り立つことを示せ．

(1) A_n は整数である．　　　(2) $A_{3n} - A_n^3$ は 3 で割り切れる．

3

数列 $\{a_n\}$ は，すべての自然数 n に対して $0 \leqq 3a_n \leqq \sum_{k=1}^{n} a_k$ を満たしている．このとき，すべての n に対して $a_n = 0$ であることを示せ．

4

Example. において，おもりを $1, 3, 3^2, \cdots, 3^{n-1}$ kg の n 個とする．$1 \leqq N \leqq \dfrac{3^n - 1}{2}$，$N \in \mathbf{N}$ の範囲の重さが計れることを示せ．

第 2 講　　素数 1

約数・倍数　　$a, b, q \in \mathbf{Z}$ とする．$a = bq$（$b \neq 0$）が成り立つとき，b は a を割り切るといい，a を b の倍数，b を a の約数という．
※ 0 はすべての整数の倍数となり，すべての整数は 0 の約数である．

$x \in \mathbf{Z}, y \in \mathbf{Z}$ において，x が y を割り切るとき，$x \mid y$ と記す．
整除関係には次の法則が成り立つ．

  (1) $x \mid x$

  (2) $x \mid y$ かつ $y \mid x$ ならば $x = y$

  (3) $x \mid y$ かつ $y \mid z$ ならば $x \mid z$

公約数　　整数 $a, b, \cdots, c$ に共通な約数を公約数という．
公約数で最大なものを最大公約数（greatest common divisor）といい，$a, b, \cdots, c$ の最大公約数を $\gcd(a, b, \cdots, c)$，もしくは単に $(a, b, \cdots, c)$ で表す．（以後，後者の記法を用いる）
特に，2つの整数 a, b において，a, b が 1 以外の公約数をもたない，$(a, b) = 1$ のとき，a, b は**互いに素**であるという．

公倍数　　整数 $a, b, \cdots, c$ に共通な倍数を公倍数という．
公倍数のうち正で最小なものを最小公倍数（least common multiple）といい，$a, b, \cdots, c$ の最小公倍数を $\operatorname{lcm}(a, b, \cdots, c)$ で表す．

素数　　2 以上の自然数 p が 1 と自分自身以外に正の約数をもたないならば**素数**という．2 以上の自然数 p が素数でないならば**合成数**という．
※ 1 は素数でも合成数でもない．

定理 2.1.

　　素数は無限に存在する．

(Proof)

素数は有限個しか存在しないとする．素数をすべて並べたものを

　　$(*)$　　$p_1, p_2, \cdots, p_n$

とする．

次のような自然数 α を考える．

　　$\alpha = p_1 \times p_2 \times \cdots \times p_n + 1$

α は p_1 で割り切れない．α は p_2 で割り切れない．……

α は p_n で割り切れない．

したがって，α はすべての素数で割り切れないから．素数である．[1]

α は $(*)$ の中のどの素数よりも大きいので，素数のリスト $(*)$ にない！

これは矛盾である．よって，素数は無限に存在する．　　□

補題 1.

$4N-1$ 形（$N \in \mathbf{N}$）の整数が合成数ならば，その素因数分解に $4n-1$ 形（$n \in \mathbf{N}$）の素数を含む．

(Proof)

　　　　$4n+1$ 形の整数は積に関して閉じている．　　… ①

$4N-1$ の整数が合成数で，その素因数分解に $4n-1$ 形の素数を含まないと仮定する．

3 以上の素数は $4n-1$ 形か $4n+1$ 形のいずれかであるから，$4n-1$ 形の素数を含まないならば，その素因数はすべて $4n+1$ 形である．

これは，① から導かれる帰結に矛盾する．

したがって，$4N-1$ が合成数ならばその素因数分解に少なくとも 1 つは $4n-1$ 形の素数を含む．　　□

---

[1] 「合成数はある素数で割り切れる」（定理 6.1.）を用いている．

定理　2.2.

　　$4n-1$ 形（$n \in \mathbf{N}$）の素数は無限に存在する．

(Proof)

$4n-1$ 形の素数は有限個しか存在しないと仮定する．

$4n-1$ 形の素数をすべて並べたものを

　　　　$(*)$　　　$3,\ 7,\ 11,\ \cdots,\ (4n-1)$

とする．

次のような自然数 α を考える．

　　　　$\alpha = 4\{3 \cdot 7 \cdot 11 \cdot \cdots \cdot (4n-1)\} - 1$　　　$\cdots$　②

とする．

(I) α が素数ならば，$4N-1$ 形であるから，$(*)$ になくてはならない．

α は $(*)$ のどの素数よりも大きいので，このリスト $(*)$ にはない．

これは矛盾である．

(II) α が合成数ならば，補題 1 からその素因数に $4n-1$ 形の素数 p を含み，p は $(*)$ の中にある．もちろん，

　　　　α は p で割り切れる．

しかし，②から，

　　　　α は p で割り切れない．　（α を p で割ると $p-1$ 余る）

これも矛盾である．よって，$4n-1$ 形の素数は無限に存在する．　　□

演習問題　2

1

「m^2+1（$m \in \mathbf{N}$）の素因数は，2 または $4n+1$ 形（$n \in \mathbf{N}$）に限る」

（証明は第 11 講演習問題 **11-2** とする）このことを用いて，

　　$4n+1$ 形（$n \in \mathbf{N}$）の素数は無限に存在することを証明せよ．

Hint： $\alpha = 4k^2+1$（$k \in \mathbf{N}$）は，$\alpha = (2k)^2+1$ と変形できる．

第3講　　除法の原理 / Euclid の互除法

定理　3.1.　除法の原理

$a \in \mathbf{Z}$, $b \in \mathbf{N}$ が与えられたとき,

$$a = bq + r \quad, \quad 0 \leqq r < b \quad \cdots \quad (*1)$$

を満たす $q, r \in \mathbf{Z}$ が唯一決まる.

q, r をそれぞれ, a を b で割ったときの商, 余り という.

(Proof)

$k \in \mathbf{Z}$ として, $a - bk = 0$ となるような k が存在するときは, そのときの k を q とし, r を 0 とすればよい.

そのような k が存在しないとする.

$a - bk > 0$ となるような $a - bk$ の全体 $\mathcal{M}$ は $\mathbf{N}$ の部分集合である.

$$\mathcal{M} = \left\{ a - bk \in \mathbf{Z} \mid \exists k \in \mathbf{Z} \left(a - bk > 0 \right) \right\}$$

$-bk$ をいくらでも大きくとれるので, $\mathcal{M}$ は空でない.

第 1 講 ($*$) から $\mathcal{M}$ には最小値 m が存在する. この m をもってして, r とすれば $(*1)$ が成り立つ.

（以下その証明）

a, b, m で決まる k を q とすれば

　$a = bq + m$, $0 < m$ 　は m の決め方から明らか.

$m \geqq b$ とすれば, 　$a - bq \geqq b$ 　$\iff$ 　$a - b(q+1) \geqq 0$

$a - bk = 0$ となるような k が存在しないのであったから,

$$a - b(q+1) > 0$$

である. したがって,

　$a - b(q+1) \in \mathcal{M}$ 　かつ　 $a - b(q+1) < a - bq = m$

となり, これは m が $\mathcal{M}$ の最小値であることに矛盾する.

したがって, $m < b$ が成り立つ. 　　　　□

定理　**3.2.** Euclid の互除法の原理

a, $b \in \mathbf{N}$ で，a を b で割った商と余りをそれぞれ q, r とする．すなわち，$a = bq + r$, $0 \leqq r < b$ とする．このとき，

$$(a,b) = (b,r)$$

(Proof)

a と b の公約数を d とする．すると，

$a = a'd$, $b = b'd$

となる a', $b' \in \mathbf{Z}$ が存在する．

$r = a - bq = (a' - b'q)d$ となるので，

d は r の約数となり，b と r の公約数である．

逆に，b と r の公約数を e とする．すると，

$b = b'e$, $r = r'e$

となる b', $r' \in \mathbf{Z}$ が存在する．

$a = bq + r = (b'q + r')e$ となるので，

$e は a$ の約数となり，a と b の公約数である．

よって，

a と b の公約数はすべて b と r の公約数となり，逆も成り立つ．

したがって，$(a,b) = (b,r)$ がいえる．　□

同様に，b を r で割った余りを s とすると $(b,r) = (r,s)$ となる．この操作を続けていけば，$a > b > r > s > \cdots\cdots$ となり，やがて余りが 0 となる．

$(a,b) = (b,r) = (r,s) = \cdots = (t,0) = t$ （ 0 はすべての整数の倍数である！）

であるから，これが (a,b) に他ならない．

演習問題　3

1

$c \in \mathbf{N}$，数列 $\{a_n\}$ は $a_1 = 1, a_2 = c$ で，さらに
$$a_{n+2} = a_{n+1} + a_n \ (n = 1, 2, 3, \cdots)$$
を満たす．

(1) $n = 1, 2, 3, \cdots$ に対して，a_n は自然数であることを示せ．

(2) $n = 1, 2, 3, \cdots$ に対して，a_n と a_{n+1} は互いに素であることを示せ．

2

Euclid の互除法を用いて，1218 と 899 の最大公約数を求めよ．

3

自然数 a の素因数分解を
$$a = p^\alpha q^\beta \cdots r^\gamma \qquad (p, q, \cdots, r \text{ はすべて異なる素因数}, \alpha, \beta, \cdots, \gamma \text{ は自然数})$$
とするとき，

(1) a の約数（1 と a 自身を含む）の個数を求めよ．

(2) a の約数の総和を求めよ．

4

$n \geqq 2$，N は自然数，p は素数とする．

p^N が $n!$ を割り切るような最大の N は
$$N = \left[\frac{n}{p}\right] + \left[\frac{n}{p^2}\right] + \left[\frac{n}{p^3}\right] + \cdots = \sum_{k=1}^{\infty} \left[\frac{n}{p^k}\right] \ [1]$$

で与えられることを示せ．ただし，$[x]$ は x を超えない最大の整数を表す．

---

[1] $n < p^k$ ならば，$\left[\dfrac{n}{p^k}\right] = 0$ である．

第4講　互いに素な整数

定理　4.1.

0 以外の元を含む整数の集合 M は減法について閉じているとする．

$$x, y \in M \quad \text{ならば} \quad x - y \in M \quad \cdots \quad (*1)$$

このとき，M の元の整数係数 1 次結合はすべて M に属する。
すなわち

$$x, y \in M \quad \text{ならば} \quad x + y \in M \quad \cdots \quad (*2)$$

$$z \in \mathbf{Z}, x \in M \quad \text{ならば} \quad zx \in M \quad \cdots \quad (*3)$$

が成り立つ．

(Proof)
$x \in M$ ならば $(*1)$ から $x - x \in M$．すなわち，

$$0 \in M \quad \cdots \quad (1)$$

$x \in M$ ならば (1) と $(*1)$ から $0 - x \in M$．すなわち，

$$x \in M \quad \text{ならば} \quad -x \in M \quad \cdots \quad (2)$$

したがって，$x + y = x - (-y)$，$(*1)$ と (2) から

$$x, y \in M \quad \text{ならば} \quad x + y \in M$$

次に

$$n \in \mathbf{N}, x \in M \quad \text{ならば} \quad nx \in M \quad \cdots \quad (3)$$

が帰納法を用いて証明できる．

したがって，$(1)(2)(3)$ と併せて

$$z \in \mathbf{Z}, x \in M \quad \text{ならば} \quad zx \in M \qquad \square$$

定理　4.2.

0 以外の元を含む整数の集合 M は減法について閉じているとする．

このとき，ある整数 $m > 0$ が存在して

$$M = \{ mz \mid \exists z \in \mathbf{Z} \} = m\mathbf{Z} \quad \cdots \quad (*4)$$

が成り立つ．
(Proof)
$$M^+ = \{\, x \in M \mid x > 0 \,\}$$

とおくと，仮定から M^+ は空でない。第 1 講 $(*)$ から M^+ には最小値 m が存在する．

任意の $a \in M$ に対して，
$$a = mq + r \quad , \quad 0 \leqq r < m$$
を満たす $q, r \in \mathbf{Z}$ が唯一決まる．(第 3 講「除法の原理」)

ここで定理 4.1.$(*2)(*3)$ から $r = a - mq \in M$ である．

$r = a - mq > 0$ とすると $r = a - mq \in M^+$ かつ $r < m$ となり，m が M^+ の最小元であることに矛盾する．

ゆえに，$r = a - mq = 0$ が結論される．

結局，
$$\text{任意の } a \in M \text{ に対して，} a \in m\mathbf{Z} \text{ が成り立つ．}$$

逆に，m は M の元だから，定理 4.1.$(*3)$ から
$$\text{任意の } z \in \mathbf{Z} \text{ に対して，} mz \in M$$
となり，$(*4)$ は成り立つ． □

定理 4.3.

整数 a, b を固定し，$(a, b) = g$ とする．x, y が $\mathbf{Z}$ の中をくまなく動いてできる $ax + by$ の全体は，z が $\mathbf{Z}$ の中をくまなく動いてできる zg 全体と一致する．すなわち
$$\{\, ax + by \mid \exists x \, \exists y \in \mathbf{Z} \,\} = \{\, gz \mid \exists z \in \mathbf{Z} \,\} \quad \cdots \quad (*5)$$
が成り立つ．

(Proof)

a, b のうち少なくとも一方は 0 でないとすると

$$L = \{\, ax + by \mid \exists x \; \exists y \in \mathbf{Z} \,\}$$

は 0 以外の元を含む整数の集合であり，減法に関して閉じている．

$$\mathsf{L}^+ = \{\, ax + by > 0 \mid \exists x \; \exists y \in \mathbf{Z} \,\}$$

L^+ の最小元を m とすると，定理 4.2.(Proof) より，

$$L = \{\, mz \mid \exists z \in \mathbf{Z} \,\}$$

が成り立つ

したがって，$m = g$ を示せばよい．（以下証明）

$a \in L$ だから $m \mid a$．

同様に，$b \in L$ だから $m \mid b$．

m は a, b の公約数だから，a, b の最大公約数以下

$$m \leqq g \quad \cdots \quad (1)$$

一方，m は L の元であるから

ある $x_0, y_0 \in \mathbf{Z}$ が存在して

$$m = ax_0 + by_0 \quad \cdots \quad (2)$$

となる．

g は a, b の公約数だから，$g \mid ax_0$ かつ $g \mid by_0$ である．

したがって，(2) から g は m を割り切るので，

$$m \geqq g \quad \cdots \quad (3)$$

(1)(3) から，$m = g$ を得る． □

系 4.4.

整数 a, b, c に対して，方程式 $ax + by = c$ が整数解 x, y をもつための必要十分条件は，c は (a,b) で割り切れることである．

系 4.5.

整数 a, b に対して，方程式 $ax + by = 1$ が整数解 x, y をもつための必要十分条件は，(a,b) が互いに素であることである．

演習問題　4

1

方程式 $13x + 4y = 1$ を満たす整数解 (x, y) を求めよ．

2

Euclid の互除法を用いて，2291 と 899 の最大公約数 d を求めよ．また，方程式 $2291x + 899y = d$ を満たす整数解 (x, y) を求めよ．

3

系 **4.4.** を証明せよ．

4

系 **4.5.** を証明せよ．

第5講　GCD・LCMの性質

定理 5.1. $a, b, c \in \mathbb{Z}$ とする.
$(a, b) = 1$ かつ a が bc を割り切るならば, a が c を割り切る.

(Proof)
$(a, b) = 1$ だから, ある整数 x, y が存在して,
$$ax + by = 1 \quad \cdots \quad (1)$$
となる.（系 4.5.）
$$c = c(ax + by) \quad (\because (1))$$
$$= acx + bcy \quad \cdots \quad (2)$$
となるが, 仮定から $a \mid bc$ だから $a \mid bcy$.
結局, (2) の右辺の項を2つとも割り切るので, $a \mid c$. □

系 5.2. $a, b \in \mathbb{Z}$ とする. 素数 p が ab を割り切るならば p は a か b を割り切る.

定理 5.3. 整数 a, b の公約数は最大公約数の約数である.

(Proof)
$(a, b) = g$ とすると, ある整数 x, y が存在して,
$$ax + by = g \quad \cdots \quad (1)$$
となる.（系 4.4.）
整数 a, b の任意の公約数を d とすると
$d \mid ax$ かつ $d \mid by$ で, (1) の左辺の項を2つとも割り切るので,
$d \mid g$ となる. □

定理 5.4. 整数 a, b の倍数は最小公倍数の倍数である.

(Proof)
$\mathrm{lcm}(a, b) = \ell$, a, b の任意の公約数を m とすると

$$m = \ell q + r \quad , \quad 0 \leqq r < \ell \quad \cdots \quad (1)$$

を満たす $q, r \in \mathbf{Z}$ が唯一決まる．（第 3 講「除法の原理」）

$$a \mid m \quad かつ \quad b \mid m \quad かつ \quad a \mid \ell \quad かつ \quad b \mid \ell$$

だから, (1) から

$$a \mid r \quad かつ \quad b \mid r$$

となるので，r は a, b の倍数となる．

$r \neq 0$ ならば．ℓ の最小性に矛盾するので，$r = 0$ となる． □

定理 5.5. 自然数 a, b の最小公倍数を ℓ，最大公約数を g とすると

$$ab = \ell g \quad \cdots \quad (*)$$

が成り立つ．

(Proof)

g は a, b の最大公約数だから，ある整数 a', b' が存在して

$$a = a'g \quad , \quad b = b'g \quad \cdots \quad (1)$$

とおける．このとき,

$$(a', b') = 1 \quad \cdots \quad (2)$$

となる．

ℓ は a, b の公倍数であるから，ある整数 s, t が存在して，

$$\ell = sa = tb \quad \Longleftrightarrow \quad sa' = tb' \quad \cdots \quad (3)$$

(2)(3) と演習問題 $5-2$ から，ある整数 e が存在して，

$$t = a'e \quad かつ \quad s = b'e \quad \cdots \quad (4)$$

したがって, (1)(3)(4) から

$$\ell = sa = a'b'ge \quad \cdots \quad (5)$$

となるが，一方

$$a'b'g = ab' = a'b \quad は\ a, b\ の公倍数 \quad \cdots \quad (6)$$

ℓ は a, b の公倍数のうち最小のものであるから，(5)(6) より $e = 1$ である．

すなわち，$\ell = sa = a'b'g$ となるので，$(*)$ が示せた． □

演習問題　5

1
系　**5.2.**　を証明せよ．

2
$a,b,c,d \in Z$ とする．$(a,b)=1$ かつ $ad=bc$ ならば
$$\text{ある整数 } e \text{ が存在して } c=ae, d=be \text{ となる．}$$
このことを証明せよ．

3
$a,b \in Z$ とする．$(a,b)=1$ かつ a と b が共に c を割り切るならば，ab が c を割り切ることを証明せよ．

4
$a,b \in Z$ とする．

$a+b$ と ab が互いに素ならば a と b は互いに素であることを示せ．

第6講　素数 2

定理　6.1.

合成数はある素数で割り切れる．

(Proof)

合成数 a に対し，$2 \leqq n \leqq a-1$ で，a を割り切る自然数 n は存在する．

（もし存在しなければ a は素数である！）

そのような n のうち，最小であるものを b とすると，b は素数である．

（以下証明）

b が素数でないとする．

$2 \leqq m \leqq b-1$ で，b を割り切る自然数 m が存在する．

m は b を割り切るので，a を割り切り，かつ $2 \leqq m < b$ である．

これは b の最小性に矛盾する．

よって，b は素数である．　□

定理　6.2.　素因数分解の一意性

合成数は素数の積として表される．その表し方は積因数の順序を除いて唯一通りである．

(Proof)

（可能性）

定理 6.1. から，合成数 a は素数 b で割り切れる．

$\dfrac{a}{b}$ が合成数ならば，$\dfrac{a}{b}$ を割り切る素数 c が存在する．

$\dfrac{a}{bc}$ が合成数ならば，$\dfrac{a}{bc}$ を割り切る素数 d が存在する．

　　　$\cdots \cdots \cdots$

$a > \dfrac{a}{b} > \dfrac{a}{bc} > \cdots\cdots$　で，$\dfrac{a}{b}, \dfrac{a}{bc}, \cdots$ はすべて整数なので，

有限回で $\dfrac{a}{bc\cdots e} = f$ が素数となる．

$a = bc \cdots ef$　が求める分解である．　□

（一意性）

$$a = p_1 p_2 \cdots p_m \quad (p_1, p_2, \cdots, p_m \text{ は素数})$$
$$a = q_1 q_2 \cdots q_n \quad (q_1, q_2, \cdots, q_n \text{ は素数})$$

と表せたとする．

$$p_1 p_2 \cdots p_m = q_1 q_2 \cdots q_n$$

(I) $(p_1, q_1) = 1$ ならば，

定理5.1.から，p_1 は $q_2 \cdots q_n$ を割り切る．

p_1 は素数なので，系5.2.の拡張から，

p_1 は $q_2, \cdots, q_n$ のいずれかを割り切る．

しかしながら，$q_2, \cdots, q_n$ は素数であるから，

$$p_1 \mid q_k \quad \iff \quad p_1 = q_k$$

よって，$q_2, \cdots, q_n$ のどれかは p_1 に等しい．

p_1 と等しいものを q_1 として，

$$p_2 \cdots p_m = q_2 \cdots q_n$$

として，議論を続ける．

(II) $(p_1, q_1) \neq 1$ ならば，p_1, q_1 は素数であるから，$p_1 = q_1$ である．

$$p_2 \cdots p_m = q_2 \cdots q_n$$

この操作(I),(II)を有限回続ければ，

$m = n$, $p_1 = q_1, \cdots, p_m = q_m$ を得る． □

演習問題　6

1

$a, b \in \mathbb{Z}$ とする．a と b が互いに素ならば $a+b$ と ab は互いに素であることを示せ．

Hint： $(a+b, ab) = g$ が合成数ならば，g はある素数 p で割り切れる（定理6.1.）ことを用いよ．

第7講　合同式とその性質

1　合同式の定義

定義　7.1.

a, b は整数，m は自然数とする．a を m で割った余りと b を m で割った余りが等しいとき，a と b は法 m (modulus) について合同 (congruence) であるといい， $a \equiv b \pmod{m}$ と記す．

以下において，$a, b, c, d \in \mathbf{Z}$，$m \in \mathbf{N}$ とする．

2　合同式の性質

(1) 反射律　　$a \equiv a \pmod{m}$

(2) 対称律　　$a \equiv b \pmod{m}$　ならば　$b \equiv a \pmod{m}$

(3) 推移律　　$a \equiv b \pmod{m}$　かつ　$b \equiv c \pmod{m}$
　　　　　　　ならば　$a \equiv c \pmod{m}$

3　合同式の基本定理　1

$a \equiv b \pmod{m}$　かつ　$c \equiv d \pmod{m}$　ならば

(4) $a \pm c \equiv b \pm d \pmod{m}$

(5) $ac \equiv bd \pmod{m}$

4　合同式の基本定理　2

$ac \equiv bc \pmod{m}$ とする．

(6) $(c, m) = 1$ ならば　$a \equiv b \pmod{m}$

(7) $(c, m) = g$ ならば　$a \equiv b \pmod{\dfrac{m}{g}}$

※　どれもその証明は簡単であるが，(7) のみ証明しておく．

(Proof of (7))　　$ac \equiv bc \pmod{m}$ ならば
$$ac = bc + ms \quad \cdots \text{①}$$
となる整数 s が存在する．

$(c, m) = g$ ならば
$$c = c'g, \ m = m'g \quad (c' と m' は互いに素) \quad \cdots \ ②$$
となる整数 c', m' が存在する．

②を①に代入して
$$ac'g = bc'g + m'gs \iff (a-b)c' = m's$$
c' と m' は互いに素なので，定理 5.1. より
$$a - b = m'k, \ k \in \mathbf{Z} \iff a - b \equiv 0 \pmod{m'}$$
$$\iff a \equiv b \pmod{\frac{m}{g}} \quad \square$$

5　剰余類

整数の集合 $\mathbf{Z}$ は，自然数 m を法として m 個の集合
$$\{x \mid x \equiv \mathbf{0} \pmod{m}\}, \ \{x \mid x \equiv \mathbf{1} \pmod{m}\}, \ \{x \mid x \equiv \mathbf{2} \pmod{m}\}$$
$$\cdots, \ \{x \mid x \equiv \mathbf{m} - 1 \pmod{m}\}$$
に分割される．このような分割を類別といい，各集合を剰余類とよぶ．どの2つの剰余類も交わりを持たず，すべての整数はどれか1つの剰余類に属する．

剰余類を略して，$(\mathbf{0} \bmod m), (\mathbf{1} \bmod m), \cdots, (\mathbf{m}-1 \bmod m)$
または単に，$\mathbf{0}, \mathbf{1}, \mathbf{2}, \cdots, \mathbf{m}$　と記す．

剰余類どうしの加法 $(x \bmod m) + (y \bmod m)$ を次のように定義する．
$(x \bmod m), (y \bmod m)$ からそれぞれ任意の元 a, b を取り出し，$a+b$ が属する剰余類とする．同様に，

剰余類どうしの乗法 $(x \bmod m) \times (y \bmod m)$ を ab が属する剰余類とする．
$$(x \bmod m) + (y \bmod m) = (x + y \bmod m)$$
$$(x \bmod m) \times (y \bmod m) = (xy \bmod m)$$

※このような定義が意味をもつには，$a+b$ や ab の属する剰余類が取り出した元 a, b の選び方に依存しないことが必要である．このことは，合同式の基本定理 (4)(5) から直ちに導かれる．

定義　7.2.

自然数 m を法として m 個の剰余類のうち，m と互いに素であるもののみを集めたものを 既約剰余系 という．既約剰余系は乗法に関して閉じている．

演習問題　7

1

合同式の性質 (3) 推移律

$$a \equiv b \pmod{m} \text{ かつ } b \equiv c \pmod{m} \text{ ならば } a \equiv c \pmod{m}$$

を証明せよ．

2

自然数 m を法とした剰余類

$$(\mathbf{0} \bmod m), (\mathbf{1} \bmod m), \cdots, (\mathbf{m-1} \bmod m)$$

に対して，

(1) どの 2 つも交わりを持たないことを示せ．

(2) すべての整数はどれか 1 つの剰余類に属することを示せ．

3

$m, n \in \mathbf{N}, (m, n) = 1, a, b \in \mathbf{Z}$ とする．

$a \equiv b \pmod{m}$ かつ $a \equiv b \pmod{n}$ ならば $a \equiv b \pmod{mn}$

を示せ．

※　この命題の逆も成り立つ．

4

x, y, z は整数とする．$x^2 + y^2 = z^2$ ならば，$xyz \equiv 0 \pmod{60}$ を示せ．

第 8 講　　合同式の方程式

補題　1.　自然数 b を法とした剰余類の代表を

$$1, 2, 3, \cdots, b \quad \cdots (*1)$$

とする.
$(a, b) = 1$ ならば

$$1a, 2a, 3a, \cdots, ba \quad \cdots (*2)$$

も，やはり b を法とした剰余類の代表となる．すなわち，
$(*2)$ は $(*1)$ の並び替えとみなすことができる．

(Proof)

$(*2)$ の元はどれも $(*1)$ の元 1 つのみと b を法として合同になる．

（演習問題 7–2 (2)）

$s, t = 1, 2, \cdots, b$ として，

$$sa \equiv ta \ (\bmod b)$$
$$\iff s \equiv t \ (\bmod b) \quad (\because (a,b) = 1) \iff s = t$$

となるので，$(*2)$ も b を法として b 個の剰余類の代表となる．　□

定理　8.1.

a, b, c は整数，$b > 0$, $(a, b) = 1$ とする．

$$ax \equiv c \quad (\bmod b) \quad \cdots \quad (*3)$$

を満たす x は b を法として唯一つ存在する．

(Proof)

補題 1. から，$(a, b) = 1$ ならば，

$$1a, 2a, 3a, \cdots, ba \quad \cdots \quad (*2)$$

は b を法とした剰余類の代表となるので，c と b を法として合同になるものが 1 つのみ存在する．

したがって，$ax \equiv c \ (\bmod b)$ を満たす x は b を法として唯一つ存在する．
□

Example 1.

方程式 $19x \equiv 2 \ (\bmod\ 8)$ を解け．

解答

(1) $19 \equiv 3 \ (\bmod\ 8)$ なので，$3x \equiv 2 \ (\bmod\ 8)$ を解けばよい．

下の表から $x \equiv 6 \ (\bmod\ 8)$

$\bmod\ 8$

x	0	1	2	3	4	5	6	7
$3x$	0	3	6	1	4	7	2	5

定理 8.2.

a, b を自然数で，$(a,b)=1$ とする．

$$x \equiv \alpha \quad (\bmod\ a) \quad \cdots \quad (*4)$$
$$x \equiv \beta \quad (\bmod\ b) \quad \cdots \quad (*5)$$

を同時に満たす x は ab を法として唯一つ存在する．

(Proof)

$(*4)$ を解くと，

$$x = \alpha + as, \ s \in \mathbf{Z} \quad \cdots \quad (1)$$

これが $(*5)$ を満たすので，

$$x = \alpha + as \equiv \beta \quad (\bmod\ b)$$
$$\iff \quad x = \alpha + as = \beta + bt, \ s, t \in \mathbf{Z} \quad \cdots \quad (2)$$
$$\iff \quad as - bt = \beta - \alpha, \ s, t \in \mathbf{Z} \quad \cdots \quad (3)$$

$(a,b)=1$ なので，(3) の整数解は存在する．(系 4.4.)

そのような s, t によって (2) からえられる x が解である．

(一意性)

解を x_1, x_2 とすると，

$x_1 \equiv x_2 \equiv \alpha \ (\bmod\ a)$ かつ $x_1 \equiv x_2 \equiv \beta \ (\bmod\ b)$．

$(a,b)=1$ なので，$x_1 \equiv x_2 \ (\bmod\ ab)$ となる．(→ 演習問題 7–3) □

Example 2.

方程式　$x \equiv 2 \pmod{7}$　…　①

　　　　$x \equiv 3 \pmod{5}$　…　②

を同時に満たす整数 x を求めよ．

解答

① を解くと，
$$x = 2 + 7s \ (s \in \mathbf{Z})$$

② から，
$$x = 2 + 7s \equiv 3 \pmod{5}$$

$\iff \quad x = 2 + 7s = 3 + 5t \ (s, t \in \mathbf{Z})$

$\quad\quad 7s - 5t = 1$　…　③

$\quad\quad 7 \cdot 3 - 5 \cdot 4 = 1$　…　④

③-④；$7(s-3) - 5(t-4) = 0 \iff 7(s-3) = 5(t-4)$

$(7, 5) = 1$ なので，$s - 3 = 5k, \ t - 4 = 7k$（k は整数）となる．

したがって，$x = 23 + 35k$（k は整数）　$\iff \quad x \equiv 23 \pmod{35}$

別解

$2 \equiv 9 \equiv 16 \equiv 23 \equiv 30 \pmod{7}$ だから，

$x \equiv 2 \pmod{7}$ を満たす $x \pmod{35}$ は

$2, 9, 16, 23, 30 \pmod{35}$

$x \pmod{35}$	2	9	16	23	30
$x \pmod{5}$	2	4	1	3	0

表から，$x \equiv 3 \pmod{5}$ を満たすのは

$x \equiv 23 \pmod{35}$

定理　8.3.

p は素数，$f(x)$ は整数係数の多項式で，$a_n \not\equiv 0 \ (\bmod\ p\ )$ とする．

$$f(x) = a_n x^n + \cdots + a_1 x + a_0 \equiv 0 \ (\bmod\ p\ )$$

を満たす x は p を法として n よりも多く存在することはない．

(Proof)

(I) $n = 1$ のとき，$f(x) = a_1 x + a_0 \equiv 0 \ (\bmod\ p\ )$ は唯一つの整数解 x を有する．
(定理 8.1.)

(II) $n = k$ のとき，

　任意の整数係数 k 次多項式に対して，$f(x) \equiv 0 \ (\bmod\ p\ )$ を満たす x は k よりも多く存在しないと仮定する．

$n = k + 1$ のとき，

任意の整数係数 $(k+1)$ 次多項式に対して，$f(x) \equiv 0 \ (\bmod\ p\ )$ の 1 つの解を x_0 とする．

剰余の定理から

$$f(x) = (x - x_0)g(x) + f(x_0)\ ,\ \deg g = k$$

また，$f(x_0) \equiv 0 \ (\bmod\ p\ )$ であるから，

$$f(x) \equiv 0 \ (\bmod\ p\ ) \iff (x - x_0)g(x) \equiv 0 \ (\bmod\ p\ )$$

p が素数であるから，系 5.2. より，

$$x - x_0 \equiv 0 \ (\bmod\ p\ ) \text{ または } g(x) \equiv 0 \ (\bmod\ p\ )$$

が成り立つ．

$g(x)$ は k 次の多項式であるから，帰納法の仮定より

$g(x) \equiv 0 \ (\bmod\ p\ )$ を満たす x は k よりも多く存在しないので

$f(x) \equiv 0 \ (\bmod\ p\ )$ を満たす x は $k + 1$ よりも多く存在しない．□

演習問題 8

1

方程式　$x \equiv 3 \pmod{5}$　…　①

$x \equiv 1 \pmod{4}$　…　②

$x \equiv 4 \pmod{7}$　…　③

を同時に満たす整数 x を求めよ．

2

方程式　$x^2 \equiv 1 \pmod{12}$

を満たす整数 x を求めよ．

Hint: 演習問題 **7-3** を用いよ．

3

方程式　$x^2 - 17x + 4 \equiv 0 \pmod{11}$

を満たす整数 x を求めよ．

4

方程式　$5x - 7y \equiv 9 \pmod{12}$　…　①

$2x + 3y \equiv 10 \pmod{12}$　…　②

を同時に満たす整数 x を求めよ．

第9講　Fermatの小定理

素数 7 を法とした剰余類（$\mod 7$）

$$(\mathbf{0} \mod 7), (\mathbf{1} \mod 7), \cdots, (\mathbf{6} \mod 7)$$

に対し，7 と互いに素な剰余類（既約剰余類）のみを考える．

$\mod 7$ の既約剰余系　　$\mathcal{A} = \{1, 2, 3, 4, 5, 6\}$

指数 a^n の表を掲げる．

a	1	2	3	4	5	6
a^2	1	4	2	2	4	1
a^3	1	1	6	1	6	6
a^4	1	2	4	4	2	1
a^5	1	4	5	2	3	6
a^6	1	1	1	1	1	1

最下段 a^6 の行に 1 が並んでいる！

a	1	2	3	4	5	6
a^2						
a^3						
a^4						
a^5						
a^6	1	1	1	1	1	1

定理　9.1.　Fermat の小定理

p は素数，a は $(a, p) = 1$ なる整数とする．

$$a^{p-1} \equiv 1 \quad (\mod p) \quad \cdots \quad (*)$$

が成り立つ．

第 9 講では Fermat の小定理 を証明することを目的とする．補題 1., 2., 定理 9.1. の証明の順に進む．また，Fermat の小定理 の証明は次講・第 10 講において，Euler の定理の特別な場合として別証が与えられる．

補題 1.

p は素数ならば，$_pC_r$ $(r=1,2,\cdots,p-1)$ は p の倍数である．

(Proof)

　（→　演習問題 **9-1**）

補題 2.

p は素数，a,b は整数とするとき
$$(a+b)^p \equiv a^p + b^p \quad (\bmod\ p)$$

(Proof)

　（→　演習問題 **9-2**）

(Proof of 定理 9.1.)

すべての整数 a に対してある自然数 n が存在して $a \equiv n\ (\bmod\ p)$ なので

すべての自然数 n に対して，
$$n^p \equiv n \quad (\bmod\ p) \quad \cdots \quad (*1)$$
を証明すればよい．なぜならば，n が $(n,p)=1$ ならば $(*1)$ から直ちに $(*)$ が導かれる．（→　第 7 講「合同式の基本定理 **2** (6)」）

$n=1$ のときは $n^p = n = 1$ から $(*1)$ は成り立つ．

$n=k$ のとき
$$k^p \equiv k \quad (\bmod\ p) \quad \cdots \quad (*2)$$
が成り立つと仮定する．

$n=k+1$ のとき
$$\begin{aligned}(k+1)^p &\equiv k^p + 1\ (\bmod\ p) \quad (\because 補題\ \mathbf{2}.) \\ &\equiv k+1 \quad\quad\quad\quad\quad (\because 帰納法の仮定 (*2))\end{aligned}$$

したがって，$n=k+1$ のときも成り立つ．

数学的帰納法よりすべての自然数 n で $(*1)$ は成り立つ．　□

演習問題　9

1

補題　1.　p は素数ならば，${}_pC_r$（$r=1, 2, \cdots, p-1$）は p の倍数であるを示せ．

2

補題　2.　p は素数，a, b は整数とするとき
$$(a+b)^p \equiv a^p + b^p \pmod{p}$$
を証明せよ．

第10講　Eulerの定理

合成数 $m=15$ を法とし剰余類（$\mod 15$）

$$(0 \mod 15), (1 \mod 15), \cdots, (14 \mod 15)$$

に対し，15と互いに素な剰余類（既約剰余類）のみを考える．

$\mod 15$ の既約剰余系　　$\mathcal{C} = \{1, 2, 4, 7, 8, 11, 13, 14\}$

指数 c^n の表を掲げる．

mod 15

c	1	2	4	7	8	11	13	14
c^2	1	4	1	4	4	1	4	1
c^3	1	8	4	13	2	11	7	14
c^4	1	1	1	1	1	1	1	1
c^5	1	2	4	7	8	11	13	14
c^6	1	4	1	4	4	1	4	1
c^7	1	8	4	13	2	11	7	14
c^8	1	1	1	1	1	1	1	1

最下段 c^8 の行に 1 が並んでいる！

c	1	2	4	7	8	11	13	14
c^2								
c^3								
c^4								
c^5								
c^6								
c^7								
c^8	1	1	1	1	1	1	1	1

定義 10.1.

m は自然数，$1, 2, \cdots, m$ のうちで，m と互いに素な自然数の個数を $\varphi(m)$ で表す．φ を **Euler** の関数という．

また，$\varphi(m)$ は m を法とした剰余類のうち m と互いに素であるもの（既約剰余類）の個数を表す．$\varphi(15) = 8$ である．

定理　10.1.　Eulerの定理

$a \in \mathbf{Z}$, $m \in \mathbf{N}$, $(a, m) = 1$ とする.

$$a^{\varphi(m)} \equiv 1 \quad (\bmod m)$$

(Proof)

$k = \varphi(m)$ として, m の既約剰余系の 1 つ

$$\alpha_1, \alpha_2, \cdots, \alpha_k \quad \cdots (*)$$

なる k 個の自然数を考える.

このとき $(a, m) = 1$ ならば,

$$a\alpha_s \equiv a\alpha_t \ (\bmod m) \iff \alpha_s \equiv \alpha_t \ (\bmod m)$$

となるので,

$$a\alpha_1, a\alpha_2, \cdots, a\alpha_k \quad \cdots (**)$$

も法 m の k 個の既約剰余類の代表となる.

したがって, $(*)$ と $(**)$ は m を法として 1 つずつが合同になるので,

$$a\alpha_1 \cdot a\alpha_2 \cdot \cdots \cdot a\alpha_k \equiv \alpha_1 \cdot \alpha_2 \cdot \cdots \cdot \alpha_k \quad (\bmod m)$$

$\iff$

$$a^k \alpha_1 \cdot \alpha_2 \cdot \cdots \cdot \alpha_k \equiv \alpha_1 \cdot \alpha_2 \cdot \cdots \cdot \alpha_k \quad (\bmod m)$$

$(\alpha_1 \cdot \alpha_2 \cdot \cdots \cdot \alpha_k, m) = 1$ なので, $a^k \equiv 1 \quad (\bmod m)$

が示された.　□

上記Eulerの定理において, 特に m として素数 p をとると $\varphi(p) = p - 1$ となるので, Fermatの小定理となる.

第11講　指数 / mod m の原始根

定義　11.1.　$s, m \in \mathbf{N}$, $a \in \mathbf{Z}$ とする．
$k = 1, 2, \cdots, s-1$ に対し，$a^k \not\equiv 1 \pmod{m}$ であるが，
$$a^s \equiv 1 \pmod{m}$$
となる自然数 s を「m を法とした a の指数」という．

素数 7 を法とした既約剰余系，合成数 15 を法とした既約剰余系の指数 a^n, c^n の表の一部を再度掲げる．

mod 7, $\varphi(7) = 6$

a	1	2	3	4	5	6
a^2		4	2	2	4	1
a^3		1	6	1	6	
a^4			4		2	
a^5			5		3	
a^6			1		1	
指数	**1**	**3**	**6**	**3**	**6**	**2**

mod 15, $\varphi(15) = 8$

c	1	2	4	7	8	11	13	14
c^2		4	1	4	4	1	4	1
c^3		8		13	2		7	
c^4		1		1	1		1	
c^5								
c^6								
c^7								
c^8								
指数	**1**	**4**	**2**	**4**	**4**	**2**	**4**	**2**

Fermat の小定理より，素数 p を法とした既約剰余類 a の指数は必ず存在して，$p-1$ 以下であることがわかる．また，Euler の定理より，合成数 m を法とした既約剰余類 c の指数も必ず存在して，$\varphi(m)$ 以下であることがわかる．

定義　11.2.　原始根

自然数 m を法とした既約剰余類のうち，指数が $\varphi(m)$ であるものを「m を法とした **原始根**」という．

上の例では **mod** 7 に関しては原始根が存在しているが，**mod** 15 に関しては原始根は存在しない．素数 p に関しては，原始根は必ず存在する ($\to$ 定理 14.1.) が，異なる奇素数を積とする合成数に関しては，原始根が存在しない ($\to$ 系 13.3.)．

定理　**11.1.**

素数 p を法とした既約剰余類 a の指数を s とし，$k, \ell \in \mathbf{N}$ とする．

(1) s は $p-1$ の約数である．

(2) $a^k \equiv 1 \ (\bmod \ p)$ ならば k は s の倍数である．

(3) $a^k \equiv a^\ell \ (\bmod \ p)$ ならば $k \equiv \ell \ (\bmod \ s)$ である．

(Proof)

(1) 除法の原理より
$$p-1 = sq + r, \ 0 \leq r < s \quad \cdots \ ①$$
となる整数 q, r が存在する．

① と $a^s \equiv 1 \ (\bmod \ p)$ であるから
$$a^{p-1} = a^{sq} \cdot a^r \equiv a^r \ (\bmod \ p)$$
となるが，これと Fermat の小定理 $a^{p-1} \equiv 1 \ (\bmod \ p)$ から
$$a^r \equiv 1 \ (\bmod \ p)$$
となる．

$0 \leq r < s$ であること，指数 s の定義から，$r = 0$ でなければならない．

(2) (1) と同様である．($\to$ 演習問題 11-1)

(3) $k > \ell$ として，$k \equiv \ell \ (\bmod \ s)$ を言えばよい．
$$a^k \equiv a^\ell \ (\bmod \ p) \iff a^\ell (a^{k-\ell} - 1) \equiv 0 \ (\bmod \ p)$$
p は素数であるから，系 5.2. より
$$a^\ell \equiv 0 \ (\bmod \ p) \quad \text{または} \quad a^{k-\ell} - 1 \equiv 0 \ (\bmod \ p)$$
$a^\ell \not\equiv 0 \ (\bmod \ p)$ なので，$a^{k-\ell} - 1 \equiv 0 \ (\bmod \ p)$ を得る．

(2) から，$k - \ell \equiv 0 \ (\bmod \ s)$ となる．　□

※ 定理 11.1. (2) (3) は明らかに逆も成り立つ．

定理 **11.2.**

素数 p を法とした既約剰余類 a の指数を s とし，$k \in \mathbf{N}$，$(s, k) = d$ とする．
a^k の指数は $\dfrac{s}{d}$ である．

(Proof)

ある整数 s', k' が存在して

$$s = s'd \ , \ k = k'd \quad \cdots \ ①$$

$$(s', k') = 1 \quad \cdots \ ②$$

となる．

$$\left(a^k\right)^{\frac{s}{d}} = \left(a^{k's'd}\right) = (a^s)^{k'} \equiv 1 \ (\bmod \ p) \ (\because ①)$$

次に，a^k の指数が $\dfrac{s}{d}$ であることを言うには，
$(a^k)^c \equiv 1 \ (\bmod \ p)$ ならば，c は $\dfrac{s}{d}$ の倍数であることを言えばよい．
$(a^k)^c = a^{k'dc} \equiv 1 \ (\bmod \ p)$ ならば，定理 11.1.(2) から

$$s \mid k'dc \quad \Longleftrightarrow \quad s'd \mid k'dc \quad \Longleftrightarrow \quad s' \mid k'c$$

であるが，② と定理 5.1. から

$$s' \mid c \, .$$

すなわち，c は $\dfrac{s}{d}$ の倍数である．　　□

演習問題　11

1
定理 11.1. (2) に対する証明を与えよ．

2
m^2+1 $(m \in \mathbf{N})$ の素因数は，2 または $4n+1$ 形（$n \in \mathbf{N}$）に限ることを示せ．

Hint：m^2+1 の素因数を p とすると，$m^2+1 \equiv 0 \pmod{p}$ が成り立つ．

3
素数 p を法とした既約剰余類 a の指数を s，既約剰余類 b の指数を t，$(s,t)=1$，$x, y \in \mathbf{N}$ とする．

$a^x b^y \equiv 1 \pmod{p}$ ならば $a^x \equiv 1 \pmod{p}$ かつ $b^y \equiv 1 \pmod{p}$
であることを証明せよ．

また，ab の指数は st であることを証明せよ．

第12講　　Euler 関数　1

本講及び第 13 講では Euler 関数が持つ性質に関して考察を行う．

Example　1.

$n = 12$ のとき，n の約数は，$d = 1, 2, 3, 4, 6, 12$ の 6 個．

$\varphi(1) + \varphi(2) + \varphi(3) + \varphi(4) + \varphi(6) + \varphi(12)$　　を求める．

d	1	2	3	4	6	12	Σ
$\varphi(d)$	1	1	2	2	2	4	12

不思議なことに，$\varphi(1) + \varphi(2) + \varphi(3) + \varphi(4) + \varphi(6) + \varphi(12) = 12$

以下その定式化と証明を与える．

定理　12.1.

n は自然数とする．
$$\sum_{d|n} \varphi(d) = n$$
ここで Σ は，n のすべての正の約数 d についての $\varphi(d)$ の総和を意味する．

(Proof)

n 以下の自然数 x で，$(n, x) = d$ となる x の個数を $\xi_n(d)$ とする．

このとき，x は n と如何なるかの最大公約数 d を共有するので，

$$\sum_{d|n} \xi_n(d) = n \qquad \cdots \quad (1)$$

また，
$$n = n'd \qquad \cdots \quad (2)$$
$$x = x'd \qquad \cdots \quad (3)$$
$$(n', x') = 1 \ , \ x' \leqq n' \qquad \cdots \quad (4)$$

となる自然数 n', x' が存在する．

与えられた n に対して，n の約数 d を 1 つ固定すると，(2) から $n' = \dfrac{n}{d}$ は 1 つ決まる．

したがって，n との最大公約数が d となる x の個数 $\xi_n(d)$ は，(3), (4) を満たす x' の個数に等しいので，$\varphi(n')$ 個である．

$$\xi_n(d) = \varphi(n') = \varphi\left(\frac{n}{d}\right) \qquad \cdots \quad (5)$$

(1)(5) から

$$\sum_{d|n} \varphi\left(\frac{n}{d}\right) = n \qquad \cdots \quad (6)$$

d がすべての n の約数

$$d_1, d_2, \cdots, d_k \qquad \cdots \quad (7)$$

を渡るとき，

$$\frac{n}{d_1}, \frac{n}{d_2}, \cdots, \frac{n}{d_k} \qquad \cdots \quad (8)$$

もすべて n の約数で，(7) と (8) は各々1つずつが等しくなる．

したがって，

$$\sum_{d|n} \varphi(d) = \sum_{d|n} \varphi\left(\frac{n}{d}\right) \qquad \cdots \quad (9)$$

(6)(9) から題意は成り立つ．　□

Example 2.

$n = 12$ のとき，n の約数は $d = 1, 2, 3, 4, 6, 12$

12以下の自然数 x は $n = 12$ と如何なるかの最大公約数 d を共有するので，

① $\quad \xi_{12}(1) + \xi_{12}(2) + xi_{12}(3) + xi_{12}(4) + \xi_{12}(6) + \xi_{12}(12) = 12 \quad (\to \quad (1))$

たとえば，$d = 4$ とすると $n' = 3$ ($\to$ (2)) と決まる．

このとき，$(12, x) = 4$ となる x の個数 $\xi_{12}(4)$ は，$n' = 3$ と互いに素である n' 以下の x' の個数 $\varphi(3)$ に等しい．($\to$ (3)(4))

d	n'	x'	x
4	3	1	4
4	3	2	8

したがって，$\xi_{12}(4) = \varphi(3) = 2$ ($\to$ (5))

同様にして，

$$\xi_{12}(1) = \varphi(12) = 4 , \ \xi_{12}(2) = \varphi(6) = 2$$
$$\xi_{12}(3) = \varphi(4) = 2 , \ \xi_{12}(6) = \varphi(2) = 1 , \ \xi_{12}(12) = \varphi(1) = 1$$

①に代入して，

$$\varphi(12) + \varphi(6) + \varphi(4) + \varphi(2) + \varphi(1) = 12$$

d	n'	x'	x
1	12	1	1
1	12	5	5
1	12	7	7
1	12	11	11
2	6	1	2
2	6	5	10

d	n'	x'	x
3	4	1	3
3	4	3	9
4	3	1	4
4	3	2	8
6	2	1	6
12	1	1	12

※ 表は $d = 4$ の場合も含め，$d = 1, 2, 3, 4, 6, 12$ に対応する n', x', x を表にしたもの．

演習問題 12

1

次の値を求めよ．

(1) $\varphi(15)$ (2) $\varphi(21)$

2

p, q は異なる素数，m は自然数とする．次のものを求めよ．

(1) $\varphi(p)$ (2) $\varphi(pq)$ (3) $\varphi(p^m)$

第13講　Euler 関数　2

定理　13.1.

m, n は互いに素な自然数, $(m,n)=1$ とするとき,

$$\varphi(mn) = \varphi(m)\,\varphi(n)$$

が成り立つ.

(Proof)

$\varphi(m)$, $\varphi(n)$ はそれぞれ m, n を法とした既約剰余系 $\mathcal{A}$, $\mathcal{B}$ の元の個数を表し, $\varphi(mn)$ は mn を法とした既約剰余系 $\mathcal{C}$ の元の個数を表す.

$\mathcal{A}\times\mathcal{B}$ と $\mathcal{C}$ の間に 1 対 1 の対応があることを示す.
$\mathcal{A}\times\mathcal{B}$ から $\mathcal{C}$ への写像 θ を次のように定義する.

$(m,n)=1$ ならば $a\in\mathcal{A}$, $b\in\mathcal{B}$ に対して,

$$a \equiv c\ (\bmod\ m) \quad \text{かつ} \quad b \equiv c\ (\bmod\ n)$$

となる $c\in\mathcal{C}$ は mn を法として唯一つに決まる(→ 定理8.2.). そこで,

$$\theta\,(a,b) = c$$

で $\mathcal{A}\times\mathcal{B}$ から $\mathcal{C}$ への写像を定義する.

θ が全単射写像（1 対 1）であることを言う.
mn を法とした任意の既約剰余類 $c\ (\bmod\ mn)$ に対して,

　$c \equiv a\ (\bmod\ m)$ となる $a\ (\bmod\ m)$ は決まる.

同様に, $c \equiv b\ (\bmod\ n)$ となる $b\ (\bmod\ n)$ は決まる.

したがって, θ は全射.

$(\,a\ (\bmod\ m)\,,\ b\ (\bmod\ n)\,)$ に対して,

$$a \equiv c\ (\bmod\ m) \text{ かつ } b \equiv c\ (\bmod\ n)$$

を満たす $c\ (\bmod\ mn)$ は mn を法として唯一つに決まる(→ 定理8.2.)ので,

θ は単射.　□

Example.

$m = 4, n = 5$ とする.

20 を法とした既約剰余類 11 (**mod** 20) に対して,

$$11 \equiv a \ (\textbf{mod} \ 4) \ \text{かつ} \ 11 \equiv b \ (\textbf{mod} \ 5)$$

となる a (**mod** 4) と b (**mod** 5) は決まる.

それぞれ, 3 (**mod** 4) と 1 (**mod** 5) である.

(3 (**mod** 4) , 2 (**mod** 5)) に対して,

$$3 \equiv c \ (\textbf{mod} \ 4) \ \text{かつ} \ 2 \equiv c \ (\textbf{mod} \ 5)$$

を満たす c (**mod** 20) は 20 を法として唯一つ 7 (**mod** 20) と決まる.

下の表はそれをまとめたものである.

c (**mod** 20)	**1**	**3**	**7**	**9**	**11**	**13**	**17**	**19**
a (**mod** 4)	**1**	**3**	**3**	**1**	**3**	**1**	**1**	**3**
b (**mod** 5)	**1**	**3**	**2**	**4**	**1**	**3**	**2**	**4**

定理 13.2.

m, n は互いに素な自然数, m を法とした既約剰余類 a の指数を s, n を法とした既約剰余類 b の指数を t, mn を法とした既約剰余系を $\mathcal{C}$ とする.

$$a \equiv c \ (\textbf{mod} \ m) \quad \text{かつ} \quad b \equiv c \ (\textbf{mod} \ n)$$

により, mn を法として唯一つ決まった $c \in \mathcal{C}$ の, mn を法としての指数は lcm (s, t) である.

(Proof)

lcm $(s, t) = \ell$ とすると, ある整数 s', t' が存在して

$$\ell = ss' = tt' \qquad \cdots \quad (1)$$

となる. c の決め方から

$$c^s \equiv a^s \equiv 1 \ (\textbf{mod} \ m) \ \text{かつ} \ c^t \equiv b^t \equiv 1 \ (\textbf{mod} \ n) \quad \cdots \quad (2)$$

したがって, (2) から

$$c^\ell = \{c^s\}^{s'} \equiv \{a^s\}^{s'} \equiv 1 \ (\textbf{mod} \ m) \qquad \cdots \quad (3)$$

同様に，
$$c^\ell = \{c^t\}^{t'} \equiv \{b^t\}^{t'} \equiv 1 \pmod{n} \quad \cdots \quad (4)$$

(3),(4),演習問題 **7–3** から
$$c^\ell \equiv 1 \pmod{mn}$$

逆に，$c^k \equiv 1 \pmod{mn}$ ならば，
$$c^k \equiv 1 \pmod{m} \quad \text{かつ} \quad c^k \equiv 1 \pmod{n}$$
なので，
$$c^k \equiv a^k \equiv 1 \pmod{m} \quad \text{かつ} \quad c^k \equiv b^k \equiv 1 \pmod{n}$$
したがって，定理 11.1.(2) から

「k は s の倍数」かつ「k は t の倍数」すなわち，k は s と t の公倍数なので，k は ℓ の倍数となる．（定理 5.4.） □

系 13.3.

p, q は異なる奇素数とする．pq を法とした原始根[1]は存在しない．

(Proof)

pq を法とした既約剰余類の指数の最大値は，$\mathrm{lcm}(p-1, q-1)$ である（→ 定理 13.2.）．$p-1$ と $q-1$ は共に偶数であるから，2 を公約数にもつ．したがって，
$$\mathrm{lcm}(p-1, q-1) < (p-1)(q-1) = \varphi(pq)$$
となる． □

---

[1] 定義 11.2. より，「pq を法とした原始根」とは，その指数が $\varphi(pq) = (p-1)(q-1)$ である既約剰余類のことである．

演習問題 13

1
次の値を求めよ．

(1) $\varphi(187)$ (2) $\varphi(105)$ (3) $\varphi(405)$

2
自然数 a の素因数分解を

$$a = p^\alpha q^\beta \cdots r^\gamma \quad (p, q, \cdots, r \text{ はすべて異なる素因数}, \alpha, \beta, \cdots, \gamma \text{ は自然数})$$

とするとき，

$$\varphi(a) = a\left(1 - \frac{1}{p}\right)\left(1 - \frac{1}{q}\right) \cdots \left(1 - \frac{1}{r}\right)$$

を証明せよ．

3
(1) $m = 3, n = 5$ とする．Example に倣って，表の空欄をうめよ．

c (mod 15)								
a (mod 3)								
b (mod 5)								

(2) 表を利用して，(2 (mod 3)，4 (mod 5)) に対して，

$$c \equiv 2 \pmod{3} \text{ かつ } c \equiv 4 \pmod{5}$$

を満たす c (mod 15) を求めよ．

第14講　原始根

定理　14.1.

素数 p に関しては原始根[1]は存在する

(Proof)

素数 p を法とした既約剰余類 a は，Fermat の小定理 (第9講) から必ず $p-1$ 以下の指数 s を有し，s は $p-1$ の約数でなければならない．(定理11.1.(1))

$$s \mid p-1 \quad \cdots \quad (1)$$

p を法とした既約剰余類のうち，指数 s である元の個数を $\eta_p(s)$ とする．

このとき，すべての既約剰余類は (1) を満たす如何なるかの指数を有するので，

$$\sum_{s \mid p-1} \eta_p(s) = p-1 \quad \cdots \quad (2)$$

また，

$$a,\ a^2,\ \cdots,\ a^{s-1},\ a^s \equiv 1 \pmod{p} \quad \cdots \quad (3)$$

はどの 2 つも $\bmod\ p$ において不合同で，すべてが

$$x^s \equiv 1 \pmod{p} \quad \cdots \quad (4)$$

の解となる．定理 8.3. から (3) の解は p を法として s 個以下なので，(3) が方程式 (4) の解のすべてである．

したがって，(3) a^t ($t=1,2,\cdots,s$) のうち，指数が s となるのは，$(t,s)=1$ となる t のときに限るから，指数 s の元が存在するならば，$\varphi(s)$ 個である．

以上から，p を法とした既約剰余類のうち，指数 s である元の個数 $\eta_p(s)$ は，0 または $\varphi(s)$ 個である．

$$\eta_p(s) = \begin{cases} \varphi(s) \\ 0 \end{cases} \quad \cdots \quad (5)$$

---

[1] 定義 11.2. より，「素数 p を法とした原始根」とは，その指数が $\varphi(p)=p-1$ である既約剰余類のことである．

ところが, 定理 12.1. から $n = p-1$ として,
$$\sum_{s|p-1} \varphi(s) = p-1 \qquad \cdots \quad (6)$$
(2) と (6) から
$$\sum_{s|p-1} \varphi(s) = \sum_{s|p-1} \eta_p(s)$$
であるが, (5) からこの等式が成り立つには,

「$p-1$ の任意の約数 s で $\eta_p(s) = \varphi(s)$ が成り立つ.」 $\quad \cdots \quad (*)$

ことが必要十分である.

特に, $s = p-1$ でも成り立つ. □

系 14.2.

素数 p を法とした既約剰余系を $\mathcal{A}$, $p-1$ の任意の約数を s とする.

指数 s である $\mathcal{A}$ の元は必ず存在し, その個数は $\varphi(s)$ である.

(Proof)

証明は定理 14.1. の証明中 $(*)$ にある. □

Example.

mod 7 の既約剰余系 $\mathcal{A} = \{1, 2, 3, 4, 5, 6\}$ の指数

a	1	2	3	4	5	6
a^2	1	4	2	2	4	1
a^3	1	1	6	1	6	6
a^4	1	2	4	4	2	1
a^5	1	4	5	2	3	6
a^6	1	1	1	1	1	1
指数	**1**	**3**	**6**	**3**	**6**	**2**

$$\begin{aligned}
\sum_{s|6} \eta_7(s) &= \eta_7(1) + \eta_7(2) + \eta_7(3) + \eta_7(6) \\
&= 1 \quad\;\; + 1 \quad\;\; + 2 \quad\;\; + 2 \quad\;\; = 6 \\
\sum_{s|6} \varphi(s) &= \varphi(1) + \varphi(2) + \varphi(3) + \varphi(6) \\
&= 1 \quad\;\; + 1 \quad\;\; + 2 \quad\;\; + 2 \quad\;\; = 6
\end{aligned}$$

演習問題　14

1
素数 p を法とした原始根 α に対して
$$\alpha, \alpha^2, \cdots, \alpha^{p-2}, \alpha^{p-1} \equiv 1 \pmod{p} \qquad \cdots \ (*1)$$
は，素数 p を法とした既約剰余系
$$\mathcal{A} = \{\mathbf{1}, \mathbf{2}, \cdots, \mathbf{p-1}\}$$
の各 1 つずつと合同になる．
すなわち，$(*1)$ は $\mathcal{A}$ の並び替えとみなせる．
ことを証明せよ．

2
素数 $p\,(\geqq 3)$ を法とした原始根 α に対して，
$$\alpha^{\frac{p-1}{2}} \equiv -1 \pmod{p}$$
を示せ．

3　Wilson の定理

素数 p に対し，
$$(p-1)! \equiv -1 \pmod{p}$$
を証明せよ．
Hint：**1**，**2** を用いよ．

第15講　Dirichletの反転公式

定義　15.1.　　メビウス Möbius 関数

μ は整数論的関数[1]で，$\mu(1) = 1$　とする．

次に，n の素因数分解 $n = p_1^{\alpha_1} p_2^{\alpha_2} \cdots p_m^{\alpha_m}$ により場合分けを行う．

$$\mu(n) = \begin{cases} 0 & (n \text{ がある素数 } p_i^2 \text{ で割り切れる}) \\ (-1)^m & (n = p_1 p_2 \cdots p_m) \end{cases}$$

定理　15.1.

$$n > 1 \text{ ならば } \sum_{d|n} \mu(d) = 0$$

ここで Σ は，n のすべての正の約数 d についての $\mu(d)$ の総和を意味する．

(Proof)

$n = p_1^{\alpha_1} p_2^{\alpha_2} \cdots p_m^{\alpha_m}$ の約数のうち，p_i^2 を含む d に対して $\mu(d) = 0$ となるので，$p_1 p_2 \cdots p_m$ の約数のみを考える．

$$\begin{aligned}
\sum_{d|n} \mu(d) &= \mu(1) + \mu(p_1) + \cdots + \mu(p_m) \\
&\quad + \mu(p_1 p_2) + \mu(p_1 p_3) + \cdots + \mu(p_{m-1} p_m) \\
&\quad + \cdots \quad \cdots + \cdots \quad \cdots \\
&\quad + \mu(p_1 p_2 \cdots p_{m-1} p_m) \\
&= 1 + {}_m C_1 (-1) + {}_m C_2 (-1)^2 + \cdots + {}_m C_m (-1)^m \\
&= (1-1)^m = 0 \qquad \square
\end{aligned}$$

Möbius 関数 の定義から，定理 15.1. が導かれたのであるが，本質は

$$n > 1 \text{ ならば } \sum_{d|n} \mu(d) = 0, \quad n = 1 \text{ ならば } \sum_{d|n} \mu(d) = 1$$

なる関数の要請から，このような関数が考えられたのではないか．次の定理 Dirichlet の反転公式 の証明は真に美しい．

---

[1] Euler の関数のように，すべての正の整数 n でのみ定義される関数

定理 15.2. ディリクレ Dirichlet の反転公式

$F(n)$ は整数論的関数，$\sum_{d|n} F(d) = G(n)$ とする．このとき，

$$F(n) = \sum_{d|n} \mu\left(\frac{n}{d}\right) G(d) \quad \cdots \quad (*)$$

が成り立つ．

Example.

$n = 6$ として，

$G(d) = \sum_{\delta|d} F(\delta)$ だから，$(*)$ の右辺は

$$\sum_{d|6} \mu\left(\frac{6}{d}\right) G(d) = \sum_{d|6} \mu\left(\frac{6}{d}\right) \sum_{\delta|d} F(\delta)$$

$$= \mu(6)\, \{\, F(1) \qquad\qquad\qquad\qquad\, \} \quad (\, d = 1\,)$$
$$+ \mu(3)\, \{\, F(1) \quad + F(2) \qquad\qquad\quad \} \quad (\, d = 2\,)$$
$$+ \mu(2)\, \{\, F(1) \qquad\quad + F(3) \qquad\quad \} \quad (\, d = 3\,)$$
$$+ \mu(1)\, \{\, F(1) \quad + F(2) \quad + F(3) \quad + F(6)\, \} \quad (\, d = 6\,)$$

$$= F(1) \sum_{d|6} \mu(d) + F(2) \sum_{d|3} \mu(d) + F(3) \sum_{d|2} \mu(d) + F(6)\mu(1)$$

$\sum_{d|6} \mu(d) = \sum_{d|3} \mu(d) = \sum_{d|2} \mu(d) = 0$，$\mu(1) = 1$ だから，

$$\sum_{d|6} \mu\left(\frac{6}{d}\right) G(d) = F(6).$$

(Proof of 定理 15.2.)

$\sum_{d|n} F(d) = G(n)$ から

$$G(d) = \sum_{\delta|d} F(\delta)$$

よって，証明すべき式の左辺は

$$\sum_{d|n} \mu\left(\frac{n}{d}\right) G(d) = \sum_{d|n} \mu\left(\frac{n}{d}\right) \sum_{\delta|d} F(\delta)$$

d の約数 δ を 1 つ決め，$\displaystyle\sum_{d|n} \mu\left(\frac{n}{d}\right) \cdot F(\delta)$ を考察する．

d の約数 δ を 1 つ決めると，d は δ の倍数かつ n の約数として変化する．

$$d = \delta \cdot \delta' \ , \ \exists \delta' \in \mathbf{N}$$

$$n = d \cdot d' \ , \ \exists d' \in \mathbf{N}$$

したがって

$$n = \delta \cdot \delta' d' \quad \Longleftrightarrow \quad \frac{n}{\delta} = \delta' d'$$

n と δ は固定されているので，d が δ の倍数かつ n の約数として変化するとき，δ' は $\frac{n}{\delta}$ の約数をくまなく渡る．δ' と d' は互いに $\frac{n}{\delta}$ の余約数であるから，$d' = \frac{n}{d}$ の方も $\frac{n}{\delta}$ の約数をくまなく渡る．

したがって，d の約数 δ を 1 つ決めると，

$$\sum_{d|n} \mu\left(\frac{n}{d}\right) \cdot F(\delta) = F(\delta) \sum_{d'|\frac{n}{\delta}} \mu(d')$$

定理 15.1. から，$\displaystyle\sum_{d'|\frac{n}{\delta}} \mu(d') = \begin{cases} \mu(1) = 1 & (\delta = n) \\ 0 & (\delta \neq n) \end{cases}$

よって，

$$\sum_{d|n} \mu\left(\frac{n}{d}\right) \sum_{\delta|d} F(\delta) = F(n)$$

を得る． □

Dirichlet の反転公式から，定理 15.1. の逆が言える．（→ 演習問題 **15–2**）

また，定理 12.1. の逆が言える．（→ 演習問題 **15–3**）

演習問題　15

1

Möbius の関数 μ と $a, b \in \mathbf{N}$, $(a,b)=1$ に対して,

$$\mu(ab) = \mu(a)\mu(b)$$

を示せ.

2

$F(n)$ は整数論的関数, $\displaystyle\sum_{d|n} F(d) = \begin{cases} 1 & (n=1) \\ 0 & (n>1) \end{cases}$ とする.

このとき, $F(n) = \mu(n)$ を示せ.

Hint : Dirichlet の反転公式を用いよ.

3

$F(n)$ は整数論的関数, $\displaystyle\sum_{d|n} F(d) = n$ とする.

このとき, $F(n) = \varphi(n)$ を示せ.

Hint : Dirichlet の反転公式と演習問題 **13–2** を用いよ.

第16講　単純RSA暗号

1　単純RSA暗号[1]　のあらまし

　　　　公開鍵1. $m = 11$　　公開鍵2. $e = 7$

が公開されている．

素数 $m = 11$ の場合，既約剰余系 $\mathcal{A} = \{\,1\,,\,2\,,\,3\,,\,4\,,\,5\,,\,6\,,\,7\,,\,8\,,\,9\,,\,10\,\}$
を例にして説明する．

mod 11　　表1

c	1	2	3	4	5	6	7	8	9	10
c^2	1	4	9	5	3	3	5	9	4	1
c^3	1	8	5	9	4	7	2	6	3	10
c^4	1	5	4	3	9	9	3	4	5	1
c^5	1	10	1	1	1	10	10	10	1	10
c^6	1	9	3	4	5	5	4	3	9	1
c^7	1	7	9	5	3	8	6	2	4	10
c^8	1	3	5	9	4	4	9	5	3	1
c^9	1	6	4	3	9	2	8	7	5	10
c^{10}	1	1	1	1	1	1	1	1	1	1

暗号の送り手 **A** は「コード化された文 x」たとえば，

$$x: \qquad 2\,,\,3\,,\,5\,,\,7 \quad \cdots \quad (1)$$

c	*	2	3	*	5	*	7	*	*	*

を「公開鍵2: $e = 7$」を使って x^e を作り，「公開鍵1: $m = 11$」を使って
$x^e = x^7 \equiv y \,(\,\textbf{mod}\ m = 11\,)\,,\, y \in \mathcal{A}$ に変換し，受け手 **B** に送る．
表1によると

$$\text{暗号文}: \qquad 7\,,\,9\,,\,3\,,\,6 \quad \cdots \quad (2)$$

c^7	*	7	9	*	3	*	6	*	*	*

　　　　　秘密鍵　　　　$d = 3$

暗号を受け取った **B** は秘密鍵 $d = 3$（非公開）を使って，送られてきた暗号文

---

[1]　後に述べる「公開鍵1」が合成数でなく，素数である場合を単純RSA暗号という．

を元に戻す．その方法は至って簡単で，$x^e \equiv y \pmod{m}$, $y \in \mathcal{A}$ なる y を d 乗し，m に関する剰余 z を求めればよい．

$$(x^e)^d \equiv y^d \equiv z \pmod{m}, \ z \in \mathcal{A}$$

「7,9,3,6」は秘密鍵 $d = 3$ によって，それぞれ表1から，

c	*	*	3	*	*	6	7	*	9	*
c^3	*	*	5	*	*	7	2	*	3	*

$$7^3 \equiv 2, \ 9^3 \equiv 3, \ 3^3 \equiv 5, \ 6^3 \equiv 7 \pmod{11}$$

であるから，

$$z: \quad 2, 3, 5, 7 \quad \cdots (3)$$

(1) と (3) が一致し，暗号文 (2) が元に戻っているのがわかる．この原理は

$$\text{Fermat の小定理} \quad x^{10} \equiv 1 \pmod{11}$$

にある．（表1・最下段の行を見よ！）

$$(x^7)^3 = x^{21} = (x^{10})^2 \cdot x \equiv x \pmod{11} \ \text{となっている．}$$

Example 1.

a_n を，7^n を 11 で割った余りとする．次のものを求めよ．

(1) a_{101} (2) $\displaystyle\sum_{k=1}^{101} a_k$

解

(1) 表1から，$7^{10} \equiv 1 \pmod{11}$ だから $7^{101} = (7^{10})^{10} \cdot 7 \equiv 7 \pmod{11}$.

∴ $a_{101} = 7$

(2) 表1から，

$$a_1 + a_2 + \cdots + a_{10} = 7 + 5 + 2 + 3 + 10 + 4 + 6 + 9 + 8 + 1 = \frac{10 \times 11}{2} = 55.$$

$a_1, a_2, \cdots, a_{99}, a_{100}$ は，$a_1, a_2, \cdots, a_{10}$ の繰り返しだから

$$\sum_{k=1}^{101} a_k = 10(a_1 + a_2 + \cdots + a_{10}) + a_{101} = 550 + 7 = 557$$

I. RSA暗号 のつくり方

　　公開鍵1.　　　$m = pq$　（p, q は異なる素数）

(註) 実際の公開鍵 m は 100 桁以上の素数 p, q の積となっている．

　　公開鍵2.　　　e　　ただし，$(e, \varphi(m)) = 1$

平文 $\Longrightarrow$	暗号文
$x \Longrightarrow$	$x^e \equiv y \pmod{m}, y \in \mathcal{A}$

II. RSA暗号文 の戻し方

　　秘密鍵　　　　d

暗号文 $\Longrightarrow$	平文
$x^e \Longrightarrow$	$x^{ed} \equiv x \pmod{m}$

Example 2.

　　公開鍵1. $m = 11$　　公開鍵2. $e = 7$　として，

　　　　アルファベットのコード化

$$\begin{pmatrix} a & b & c & d & e & f & g & h & i & j \\ 1 & 2 & 3 & 4 & 5 & 6 & 7 & 8 & 9 & 10 \end{pmatrix}$$

(1) 「gcd」を暗号化せよ．

(2) 秘密鍵 $d = 3$ によって，「5,3,8」を平文にせよ．

解

(1) 「gcd」をコード化すると「7,3,4」

　それぞれ表1から，$7^7 \equiv 6$，$3^7 \equiv 9$，$4^7 \equiv 5 \pmod{11}$

だから，暗号文は「6,9,5」

(2) 「5,3,8」は秘密鍵 $d = 3$ によって，

　それぞれ表1から，$5^3 \equiv 4$，$3^3 \equiv 5$，$8^3 \equiv 6 \pmod{11}$

「4,5,6」をアルファベットに変換すると 「d,e,f」

上記で使用された秘密鍵がまさしく RSA 暗号の鍵となるのであるが，秘密鍵 d は次のように作られる．

III. 秘密鍵 d の作り方

Euler 関数を φ として，

$$ed \equiv 1 \ (\bmod \ \varphi(m)\ )$$

を満たすように，秘密鍵 d をつくる．

d の存在保証は定理 8.1. より与えられる．

Example 3.

　　　公開鍵 1. $m = 11$　　公開鍵 2. $e = 7$

に対する秘密鍵 d を作成せよ．

$\boxed{\text{解}}$

$m = 11$, $\varphi(11) = 10$ だから，

$$7d \equiv 1 \ (\bmod \ 10\ )$$

となる整数 d を求めればよい．

mod 10

x	1	3	7	9
$7x$	7	1	9	3

表から，$7 \times 3 \equiv 1 \ (\bmod \ 10\ )$ だから $d = 3$．

次の例は比較的 m が大きい場合である．

Example 4.

　　　公開鍵 1. $m = 187$　　公開鍵 2. $e = 21$

に対する秘密鍵 d を作成せよ．

$\boxed{\text{解}}$

$m = 11 \times 17$, $\varphi(187) = 10 \times 16 = 160$ だから，

$$21d \equiv 1 \ (\bmod \ 160\ )$$

となる整数 d を求めればよい．

Euclid の互除法

$$
\begin{aligned}
160 &= 21 \times 7 + 13 \\
21 &= 13 \times 1 + 8 \\
13 &= 8 \times 1 + 5 \\
8 &= 5 \times 1 + 3 \\
5 &= 3 \times 1 + 2 \\
3 &= 2 \times 1 + 1 \quad \cdots \quad ①
\end{aligned}
$$

したがって，$a = 160, b = 21$ とおくと

$$
\begin{aligned}
13 &= 160 - 21 \times 7 = a - 7b \\
8 &= 21 - 13 \times 1 = b - (a - 7b) = 8b - a. \\
5 &= 13 - 8 \times 1 = a - 7b - (8b - a) = 2a - 15b. \\
3 &= 8 - 5 \times 1 = 8b - a - (2a - 15b) = 23b - 3a. \\
2 &= 5 - 3 \times 1 = 2a - 15b - (23b - 3a) = 5a - 38b.
\end{aligned}
$$

① に代入して，

$$
\begin{aligned}
23b - 3a &= (5a - 38b) \times 1 + 1 \quad \Longleftrightarrow \quad 61b = 8a + 1 \\
21 \times 61 &= 160 \times 8 + 1 \\
\therefore \, d &= 61
\end{aligned}
$$

RSA 暗号の仕組みをみる為，m を十分大きくとらず，小さな整数を例にとったが，実際の m は 100 桁以上の素数 p, q の積となっている．m は公開されているが，p または q は公開されていないので，m の素因数分解の難解さが RSA 暗号の安全性を保障している．m の素因数分解を知らない者にとって，m から $\varphi(m)$ の値を求めることは困難である．一方，m の素因数分解 $m = pq$ を知る者にとっては，$\varphi(m)$ の値は $\varphi(m) = \varphi(pq) = (p-1)(q-1)$（演習問題 12–**2**）と簡単に求めることができる．したがって，秘密鍵 d の作成が可能となる．また例の m は小さい数なので，「2,3,5,7」のように区切る必要があったが，m は十分大きいので，「02030507」として暗号化されるので，解読がより困難になる．

以上をまとめると

I. **RSA暗号** のつくり方

　　　公開鍵 **1.**　　　$m = pq$　（p, q は異なる素数）

　　　公開鍵 **2.**　　　e　　ただし，$(e, \varphi(m)) = 1$

平文 $\implies$	暗号文
$x \implies$	$x^e \equiv y \pmod{m}$, $y \in \mathcal{A}$

※　$\mathcal{A}$ は m を法とした既約剰余系

II. **RSA暗号文** の戻し方

　　秘密鍵　　　d

暗号文 $\implies$	平文
$x^e \implies$	$x^{ed} \equiv x \pmod{m}$

III. 秘密鍵 d の作り方

　　　Euler関数　　　$\varphi(m) = (p-1)(q-1)$

公開鍵2　e	$\implies$	秘密鍵
$ed \equiv 1 \pmod{\varphi(m)}$	$\implies$	$d \in \mathcal{A}$

演習問題 16

1

単純 RSA 暗号を考える．

　　公開鍵 **1.**　$m = 17$　　　公開鍵 **2.**　$e = 13$　　とする．

　　mod 17　　　　表 1

c	1	2	3	4	5	6	7	8	9	10	11	12	13	14	15	16
c^2	1	4	9	16	8	2	15	13	13	15	2	8	16	9	4	1
c^3	1	8	10	13	6	12	3	2	15	14	5	11	4	7	9	16
c^4	1	16	13	1	13	4	4	16	16	4	4	13	1	13	16	1
c^5	1	15	5	4	14	7	11	9	8	6	10	3	13	12	2	16
c^6	1	13	15	16	2	8	9	4	4	9	8	2	16	15	13	1
c^7	1	9	11	13	10	14	12	15	2	5	23	7	4	6	8	16
c^8	1	1	16	1	16	16	16	1	1	16	16	16	1	16	1	1
c^9	1	2	14	4	12	11	10	8	9	7	6	5	13	3	15	16
c^{10}	1	4	8	16	9	15	2	13	13	2	15	9	16	8	4	1
c^{11}	1	8	7	13	11	5	14	2	15	3	12	6	4	10	9	16
c^{12}	1	16	4	1	4	13	13	16	16	13	13	4	1	4	16	1
c^{13}	1	15	12	4	3	10	6	9	8	11	7	14	13	5	2	16
c^{14}	1	13	2	16	15	9	8	4	4	8	9	15	16	2	13	1
c^{15}	1	9	6	13	7	3	5	15	2	12	14	10	4	11	8	16
c^{16}	1	1	1	1	1	1	1	1	1	1	1	1	1	1	1	1

　　　　アルファベットのコード化

$$\begin{pmatrix} a & b & c & d & e & f & g & h & i & j & k & \ell & m & n & o & p \\ 1 & 2 & 3 & 4 & 5 & 6 & 7 & 8 & 9 & 10 & 11 & 12 & 13 & 14 & 15 & 16 \end{pmatrix}$$

(1) 「mind」を暗号化せよ．

(2) 公開鍵 2. $e = 13$ に対する秘密鍵 d を作成せよ．

(3) 暗号文「11,2,7,3」を解読せよ．

2

RSA 暗号を考える．

公開鍵 **1.**　$m = 29 \times 31 = 899$　　　公開鍵 **2.**　$e = 121$　　とする．

秘密鍵 d を，**Example　4.** に倣って作成せよ．

第17講　RSA暗号

合成数 $m = 22$ の場合を例にして説明する.

既約剰余系 $\mathcal{A} = \{\,1, 3, 5, 7, 9, 13, 15, 17, 19, 21\,\}$

mod 22　　表1

c	1	3	5	7	9	13	15	17	19	21
c^2	1	9	3	5	15	15	5	3	9	1
c^3	1	5	15	13	3	19	9	7	17	21
c^4	1	15	9	3	5	5	3	9	15	1
c^5	1	1	1	21	1	21	1	21	21	21
c^6	1	3	5	15	9	9	15	5	3	1
c^7	1	9	3	17	15	7	5	19	13	21
c^8	1	5	15	9	3	3	9	15	5	1
c^9	1	15	9	19	5	17	3	13	7	21
c^{10}	1	1	1	1	1	1	1	1	1	1

既約でない剰余系 $\mathcal{B} = \{\,2, 4, 6, 8, 10, 11, 12, 14, 16, 18, 20\,\}$

mod 22　　表2

c	2	4	6	8	10	11	12	14	16	18	20
c^2	4	16	14	20	12	11	12	20	14	16	4
c^3	8	20	18	6	10	11	12	16	4	2	14
c^4	16	14	20	4	12	11	12	4	20	14	16
c^5	10	12	10	10	10	11	12	12	12	10	12
c^6	20	4	16	14	12	11	12	14	16	4	20
c^7	18	16	8	2	10	11	12	20	14	6	4
c^8	14	20	4	16	12	11	12	16	4	20	14
c^9	6	14	2	18	10	11	12	4	20	8	16
c^{10}	12	12	12	12	12	11	12	12	12	12	12
c^{11}	2	4	6	8	10	11	12	14	16	18	20

表からわかるように, $x \in \mathcal{A}$, $x \in \mathcal{B}$ のいずれであろうと

$$x^{11} \equiv x \pmod{22} \quad \cdots \quad (\diamondsuit)$$

が成り立つ. 単純RSA暗号と同様, RSA暗号もこのことを利用して, 暗号化・復号化がなされる. ($(\diamondsuit)$の証明は第18講でなされる)

公開鍵 **1.** $m = 22$ 公開鍵 **2.** $e = 7$

アルファベットのコード化

$$\begin{pmatrix} ? & a & b & c & d & e & f & g & h & i & j & k & l \\ 1 & 2 & 3 & 4 & 5 & 6 & 7 & 8 & 9 & 10 & 11 & 12 & 13 \end{pmatrix}$$

$$\begin{pmatrix} m & n & o & p & q & r & s & t \\ 14 & 15 & 16 & 17 & 18 & 19 & 20 & 21 \end{pmatrix} \quad とする.$$

Example 1.

「d , r , e , a , m 」 を暗号文にせよ.

解

「dream」をコード化すると「5,19,6,2,14」

それぞれ表 1 , 2 から,$5^7 \equiv 3$, $19^7 \equiv 13$, $6^7 \equiv 8$, $2^7 \equiv 18$

$14^7 \equiv 20$ $(\bmod\ 22)$ だから,暗号文は「3,13,8,18,20」

Example 2.

秘密鍵 d を作成し,

暗号文 「5 , 10 , 2 , 15 , 21」 を解読せよ.

解

$\varphi(22) = \varphi(2 \times 11) = (2-1) \times (11-1) = 10$

$7d \equiv 1\ (\bmod\ 10)$ を満たす d は $d = 3$.

mod 10

x	1	3	7	9
$7x$	7	1	9	3

「5,10,2,15,21」は秘密鍵 $d = 3$ によって,

それぞれ表 1 から,$5^3 \equiv 15$, $10^3 \equiv 10$, $2^3 \equiv 8$, $15^3 \equiv 9$

$21^3 \equiv 21\ (\bmod\ 11)$

「15,10,8,9,21」をアルファベットに変換すると「n,i,g,h,t」

電子署名

RSA暗号は公開鍵1,公開鍵2が文字通り「公開」されている為,誰もが暗号を送信できる.いわゆる「なりすまし」防止の為,電子署名がある.

公開鍵1	m	
	A	**B**
公開鍵2	e^*	e
秘密鍵	d^*	d

A,Bの2名に対し,公開鍵1は共通とし,別々の公開鍵2が割り与えられている.このとき,A氏がB氏に送った暗号文は x^e(送信先の公開鍵2を使用)であるが,それとは別に次のような署名をする.たとえば,予め取り決められていた合言葉「z」を,A氏の秘密鍵 d^* を使って,署名 z^{d^*}($\bmod m$)とする.秘密鍵 d^* は A 氏しか知らないので,$\left(z^{d^*}\right)^{e^*}$($\bmod m$)が元の合言葉「$z$」に戻れば,A 氏本人の署名であると判断できる.

Example 3.

公開鍵1	$m = 22$	
	A	**B**
公開鍵2	$e^* = 3$	$e = 7$
秘密鍵	d^*	d

(1) あなたが A であるとして,B からの署名

　　　電子署名「 12 , 10 , 9 , 6 」

を解読せよ.

(2) あなたが A であるとして,秘密鍵 d^* を作成し,B に

　　　電子署名「 s, t, a, r 」

を送れ.

解

(1) それぞれ表1, 2から,

$$12^7 \equiv 12, \ 10^7 \equiv 10, \ 9^7 \equiv 15, \ 6^7 \equiv 8 \ (\text{mod } 22)$$

「12,10,15,8」をアルファベットに変換すると

　署名は 「k,i,n,g」

(2) $3d^* \equiv 1 \ (\text{mod } 10)$ を満たす d^* は $d^* = 7$.

mod 10

x	1	3	7	9
$3x$	3	9	1	7

「star」をコード化すると「20,21,2,19」

それぞれ表1, 2から, $20^7 \equiv 4, \ 21^7 \equiv 21, \ 2^7 \equiv 18, \ 19^7 \equiv 13 \ (\text{mod } 22)$
だから, 署名コードは「4,21,18,13」

演習問題　17

1

Example 3. において,

(1) あなたが **B** であるとして,

　　電子署名「 k, i, n, g 」

を **A** へ送れ.

(2) あなたが **B** であるとして, **A** からの署名

　　電子署名「 4, 21, 18, 13 」

を解読せよ.

第18講　RSA暗号 を可能にする数学的背景

RSA暗号のあらましを見てきたが，秘密鍵の作成方法も含めて，改めて「暗号文のつくり方」から順に追い，RSA暗号 を可能にする数学的背景を眺めていく．

1°　　p, q は十分大きな異なる素数とし，

　　公開鍵1.　　$m = pq$　　$\cdots$　　($\diamondsuit\, 1$)

2°　　公開鍵2.　　e　　ただし，$(\varphi(m), e) = 1$　　$\cdots$　　($\diamondsuit\, 2$)

e（公開鍵2）を $\varphi(m)$ と互いに素である整数として決めることが，**3°** における d の存在を保障する．（→　定理8.1.）

　　定理　**8.1.**
　　　　a, b, c は整数，$b > 0$，$(a, b) = 1$ とする．
　　　　$ax \equiv c \quad (\bmod\, b)$
　　を満たす x は b を法として唯一つ存在する．

の前提条件 $(a, b) = 1$ を **2°** の $(\varphi(m), e) = 1$ が満たす．

3°　　$ed \equiv 1 \,(\bmod\, \varphi(m))$　　$\cdots$　　($\diamondsuit\, 3$)

　　を満たすように，秘密鍵 d をつくる．

4°　　$x^{ed} \equiv\ x \ (\bmod\, m)$　　が成り立つ．（→　定理18.1.）

　　定理　**10.1**　Euler の定理
　　　　$a \in \mathbf{Z}, \ m \in \mathbf{N},\ (a, m) = 1,\ \varphi$ は Euler関数 とする．
　　　　$a^{\varphi(m)} \equiv 1 \quad (\bmod\, m)$

が重要な役割を担う．

定理 18.1.

$$x^{ed} \equiv x \pmod{m}, x \in \mathbf{Z}$$

(Proof)

($\diamondsuit 3$) から, $ed = \varphi(m) \times k + 1 \quad (\exists k \in \mathbf{Z})$

(**1**) $(x, m) = 1$ の場合

$$\begin{aligned} x^{ed} &= x^{\varphi(m) \times k + 1} \\ &= \left(x^{\varphi(m)}\right)^k \cdot x \\ &\equiv x \pmod{m} \qquad (\because \text{Euler の定理}) \end{aligned}$$

(**2**) $(x, m) \neq 1$ の場合

(**2 − 1**) $(x, p) = p, (x, q) = 1$, (**2 − 2**) $(x, p) = 1, (x, q) = q$

(**2 − 3**) $(x, p) = p, (x, q) = q$

が考えられるが, (**2 − 1**) だけを示す.

(**2 − 1**) のとき, $x^{q-1} \equiv 1 \pmod{\mathbf{q}}$ だから

$$\begin{aligned} x^{ed} &= (x)^{\varphi(m) \times k + 1} \\ &= \left(x^{\varphi(m)}\right)^k \cdot x \\ &= \left(x^{q-1}\right)^{(p-1)k} \cdot x \qquad (\because \varphi(m) = (p-1)(q-1)) \\ &\equiv x \pmod{\mathbf{q}} \qquad (\because \text{Euler の定理}) \end{aligned}$$

したがって, ある整数 k が存在して

$$x^{ed} = x + kq \quad \cdots \text{①}$$

$(x, p) = p$ から, $p \mid x, p \mid x^{ed}$.

① と併せて, $p \mid kq$.

$(p, q) = 1$ だから, $p \mid k$.

すなわち, ある整数 ℓ が存在して

$$k = p\ell$$

$$x^{ed} = x + pq\ell \iff x^{ed} \equiv x \pmod{pq = m} \qquad \square$$

演習問題解答

《　RSA暗号を可能にした Euler の定理　》

演習問題　1

1

(I) $n=1$ のとき，$3^{2^n}-1$ は $3^2-1=8$ となり，2^3 で割り切れるが 2^4 では割り切れない．

(II) $n=k$ のとき，$3^{2^k}-1$ は 2^{k+2} で割り切れるが 2^{k+3} では割り切れないと仮定する．したがって，

$(*1)$ 　　　$3^{2^k}-1 = 2^{k+2} \times \ell$

$(*2)$ 　　　ℓ は奇数

となる．

$n=k+1$ のとき，
$$\begin{aligned}3^{2^{k+1}}-1 &= 3^{2^k \cdot 2}-1 \\ &= \left(2^{k+2}\times \ell +1\right)^2 -1 \quad (\because (*1))\\ &= 2^{2(k+2)}\ell^2 + 2\cdot 2^{k+2}\ell \\ &= 2^{k+3}\left(2^{k+1}\ell +1\right)\ell\end{aligned}$$

となり，$2^{k+1}\ell+1$ と ℓ は共に奇数であるから $\left(2^{k+1}\ell+1\right)\ell$ も奇数である．したがって，$3^{2^{k+1}}-1$ は 2^{k+3} で割り切れるが 2^{k+4} では割り切れない．

$n=k+1$ のときも題意は成り立つ．

(I)，(II) からすべての自然数 n で題意は成り立つ．

2

2次方程式の解と係数の関係から

$$\alpha+\beta=p\,,\alpha\beta=-q \quad \cdots ①$$

(1)(I) $n=1$ のとき，$A_1=\alpha+\beta=p$ は整数である．

(II) $n=k-1, k$ のとき，

$(*)$ 　　　$A_{k-1}=\alpha^{k-1}+\beta^{k-1}$, $A_k=\alpha^k+\beta^k$ はともに整数である

と仮定する．

$n = k+1$ のとき,

$$\begin{aligned} A_{k+1} &= \alpha^{k+1} + \beta^{k+1} \\ &= (\alpha^k + \beta^k)(\alpha + \beta) - \alpha\beta(\alpha^{k-1} + \beta^{k-1}) \\ &= pA_k + qA_{k-1} \qquad (\because ①) \\ &= p \times (整数) + q \times (整数) \qquad (\because 帰納法の仮定 (*)) \end{aligned}$$

は整数となり, $n = k+1$ のときも題意は成り立つ.

(I), (II) からすべての自然数 n で題意は成り立つ.

(2) $$\begin{aligned} A_{3n} - A_n^3 &= \alpha^{3n} + \beta^{3n} - (\alpha^n + \beta^n)^3 \\ &= -3\alpha^n\beta^n(\alpha^n + \beta^n) \\ &= -3(-q)^n A_n \end{aligned}$$

(1) から A_n は整数であるから, $A_{3n} - A_n^3$ は 3 で割り切れる.

3

(I) $n = 1$ のとき, $0 \leqq 3a_1 \leqq a_1 \iff a_1 = 0$ となり成り立つ.

(II) $n = 1, 2, \cdots, \ell$ のとき,

$$a_1 = a_2 = \cdots = a_\ell = 0 \quad \cdots \quad (*)$$

が成り立つと仮定する.

$n = \ell + 1$ のとき

$$0 \leqq 3a_{\ell+1} \leqq \sum_{k=1}^{\ell+1} a_k$$

一方,

$$\sum_{k=1}^{\ell+1} a_k = a_1 + a_2 + \cdots + a_\ell + a_{\ell+1} = a_{\ell+1} \qquad (\because 帰納法の仮定 (*))$$

よって,

$$0 \leqq 3a_{\ell+1} \leqq a_{\ell+1} \iff a_{\ell+1} = 0$$

となり $n = \ell + 1$ のときも題意は成り立つ.

(I), (II) からすべての自然数 n で題意は成り立つ.

4

(I) $n=1$ のとき，$N=1$ の重さは 1kg のおもりで計れる．

(II) $n=k$ のとき，

$(*)$　$1, 3, 3^2, \cdots, 3^{k-1}$ kg の k 個のおもりを使って

$1 \leqq N \leqq \dfrac{3^k-1}{2}$ ，$N \in \mathbf{N}$ の範囲にある，すべての重さ Nkg が計れる．

と仮定する．

$n=k+1$ のとき，

$1 \leqq N \leqq \dfrac{3^k-1}{2}$ のときは，帰納法の仮定から $1, 3, 3^2, \cdots, 3^{k-1}$ kg のおもりで計れるから，($N \leqq 3^k$,$N \geqq 3^k+1$ で場合分け)

$$\dfrac{3^k+1}{2} \leqq N \leqq 3^k \qquad \cdots \quad (1)$$

$$3^k+1 \leqq N \leqq \dfrac{3^{k+1}-1}{2} \qquad \cdots \quad (2)$$

の範囲で考えればよい．

$1, 3, 3^2, \cdots, 3^{k-1}$ kg のおもりに加えて，3^k kg のおもりが加わる．

(i) (1) の場合，3^k kg のおもりを皿 B にのせる．

$M = 3^k - N$ の重さが，$1, 3, 3^2, \cdots, 3^{k-1}$ kg のおもりで計れればよい．

$$\dfrac{3^k+1}{2} \leqq N \leqq 3^k \cdots \quad (1) \quad \Longleftrightarrow \quad 0 \leqq M \leqq \dfrac{3^k-1}{2}$$

は，帰納法の仮定 $(*)$ から，$1, 3, 3^2, \cdots, 3^{k-1}$ kg のおもりで M が計れる．

(ii) (2) の場合，3^k kg のおもりを皿 B にのせる．

$M = N - 3^k$ の重さが，$1, 3, 3^2, \cdots, 3^{k-1}$ kg のおもりで計れればよい．

$$3^k+1 \leqq N \leqq \dfrac{3^{k+1}-1}{2} \cdots \quad (2) \quad \Longleftrightarrow \quad 1 \leqq M \leqq \dfrac{3^k-1}{2}$$

は，帰納法の仮定 $(*)$ から，$1, 3, 3^2, \cdots, 3^{k-1}$ kg のおもりで M が計れる．

$n=k+1$ のときも題意は成り立つ．

(I)，(II) からすべての自然数 n で題意は成り立つ．

演習問題　2

1

$4n+1$ 形の素数は有限個しか存在しないとする．
$4n+1$ 形の素数をすべて並べたものを

$$(*) \quad 5,\ 13,\ 17,\ \cdots,\ (4n+1)$$

とする．
次のような自然数 α を考える．

$$\alpha = 4\{5 \cdot 13 \cdot 17 \cdot \cdots \cdot (4n+1)\}^2 + 1$$

とする．

(I) α が素数ならば，$4N+1$ 形であるから，$(*)$ になくてはならない．
α は $(*)$ のどの素数よりも大きいので，このリストにはない．
これは矛盾である．

(II) α が合成数ならば，

$$\alpha = \{2 \cdot 5 \cdot 13 \cdot 17 \cdot \cdots \cdot (4n+1)\}^2 + 1 \quad \cdots ①$$

は，m^2+1 形の数であるから，
「 m^2+1 （$m \in \mathbf{N}$）の素因数は，2 または $4n+1$ 形（$n \in \mathbf{N}$）に限る」
から，α の素因数はすべて 2 または $4n+1$ 形の素数である．
すなわち，

　α は 2 もしくは $(*)$ の中のいずれかの素数で割り切れる．

① から

　α は 2 で割り切れない．

　どの $(*)$ の中の素数でも割り切れない．

これは矛盾である．
よって，$4n+1$ 形の素数は無限個存在する．

演習問題 3

1

(1) (I) $n=1,2$ のとき,$a_1=1$,$a_2=c$ は自然数である.

(II) $n=k-1,k$ のとき,

a_{k-1},a_k がともに自然数である　$\cdots$　$(*)$

と仮定する.

$n=k+1$ のとき,

$a_{k+1}=a_k+a_{k-1}=($自然数$)$　$(\because (*))$

$n=k+1$ のときも題意は成り立つ.

(I),(II) からすべての自然数 n で題意は成り立つ.

(2) (I) $n=1$ のとき,$a_1=1$ と $a_2=c$ は互いに素である.

(II) $n=k$ のとき,

a_k と a_{k+1} は互いに素である　$\cdots$　$(**)$

と仮定する.

$n=k+1$ のとき,

$(a_{k+1},a_{k+2})=d$ とすると,

$a_k=a_{k+2}-a_{k+1}$ から,d は a_{k+1} と a_{k+2} を共に割り切るので,

d は a_k を割り切る.

d は a_k の約数でもあるから,a_k と a_{k+1} の公約数である.

帰納法の仮定 $(**)$ から $d=1$ となり,a_{k+1} と a_{k+2} は互いに素となる.

$n=k+1$ のとき,も題意は成り立つ.

(I),(II) からすべての自然数 n で題意は成り立つ.

2

$$\begin{aligned}
1218 &= 899 \cdot 1 + 319 \\
899 &= 319 \cdot 2 + 261 \\
319 &= 261 \cdot 1 + 58 \\
261 &= 58 \cdot 4 + 29 \\
58 &= 29 \cdot 2
\end{aligned}$$

したがって，1218 と 899 の最大公約数は **29** である．

3

a の約数はすべて

$$(1+p+\cdots+p^\alpha)(1+q+\cdots+q^\beta)\cdots(1+r+\cdots+r^\gamma)$$

を展開したときに項として現れる．

(1) a の約数の総数は，$(\alpha+1)(\beta+1)\cdots(\gamma+1)$ である．

(2) $1+p+\cdots+p^\alpha = \dfrac{p^{\alpha+1}-1}{p-1}$ であるから

$$(a \text{ の約数の総和}) = \frac{p^{\alpha+1}-1}{p-1}\frac{q^{\beta+1}-1}{q-1}\cdots\frac{r^{\gamma+1}-1}{r-1}$$

4

$kp \leq n$ を満たす最大の整数 k は $\left[\dfrac{n}{p}\right]$ である．したがって，

1 から n までの自然数 $1, 2, 3, \cdots, n$ の中に p の倍数は，

$$p,\, 2p,\, 3p,\, \cdots,\, \left[\dfrac{n}{p}\right]p \quad \text{の} \quad \left[\dfrac{n}{p}\right] \text{個含まれる．}$$

同様に，

1 から n までの自然数 $1, 2, 3, \cdots, n$ の中に p^2 の倍数は，

$$p^2,\, 2p^2,\, 3p^2,\, \cdots,\, \left[\dfrac{n}{p^2}\right]p^2 \quad \text{の} \quad \left[\dfrac{n}{p^2}\right] \text{個含まれる．}$$

1 から n までの自然数の中に p^3 の倍数は $\left[\dfrac{n}{p^3}\right]$ 個含まれる．

$\cdots\cdots\cdots\cdots$

よって，1 から n までの自然数の中に p の倍数は

$$\left[\dfrac{n}{p}\right] + \left[\dfrac{n}{p^2}\right] + \left[\dfrac{n}{p^3}\right] + \cdots\cdots \quad \text{個含まれる．}$$

したがって，p^N が $n!$ を割り切るような最大の N は

$$N = \left[\dfrac{n}{p}\right] + \left[\dfrac{n}{p^2}\right] + \left[\dfrac{n}{p^3}\right] + \cdots\cdots$$

で与えられる．

(注) ここでは，1 から n までの自然数の中に含まれる p の総数を求めていることに注意せよ．

$n = 32,\, p = 3$ の場合

p の倍数	●●●●●●●●●●	$\cdots$ $\left[\dfrac{n}{p}\right]$ 個
p^2 の倍数	●●●	$\cdots$ $\left[\dfrac{n}{p^2}\right]$ 個
p^3 の倍数	●	$\cdots$ $\left[\dfrac{n}{p^3}\right]$ 個

演習問題　4

1

$$13x + 4y = 1 \cdots ①$$
$$13\cdot 1 + 4\cdot(-3) = 1 \cdots ②$$

①-②；$13(x-1) + 4(y+3) = 0 \iff 13(x-1) = -4(y+3)$

$(13,4) = 1$ なので，$x-1 = 4k$，$y+3 = -13k$（k は整数）となる．

したがって，$x = 4k+1$，$y = -13k-3$（k は整数）

2

$$\begin{aligned}
2291 &= 899 \times 2 + 493 \\
899 &= 493 \times 1 + 406 \\
493 &= 406 \times 1 + 87 \\
406 &= 87 \times 4 + 58 \\
87 &= 58 \times 1 + 29 \\
58 &= 29 \times 2
\end{aligned}$$

したがって，2291 と 899 の最大公約数は **29** である．

$2291x + 899y = 29$ の両辺も 29 で割って

$$79x + 31y = 1 \quad \cdots ①$$

を解けばよい．

$$\begin{aligned}
79 &= 31 \times 2 + 17 \\
31 &= 17 \times 1 + 14 \\
17 &= 14 \times 1 + 3 \\
14 &= 3 \times 4 + 2 \\
3 &= 2 \times 1 + 1 \quad \cdots ②
\end{aligned}$$

したがって，$79 = a$，$31 = b$ として，

$$
\begin{aligned}
17 &= 79 - 31 \times 2 = a - 2b \\
14 &= 31 - 17 \times 1 = 3b - a \\
3 &= 17 - 14 \times 1 = 2a - 5b \\
2 &= 14 - 3 \times 4 = 23b - 9a
\end{aligned}
$$

② に代入して，

$$2a - 5b = (23b - 9a) \times 1 + 1$$

$$\iff \quad 11a - 28b = 1 \quad \iff \quad 79 \times 11 - 31 \times 28 = 1$$

$$
\begin{aligned}
79x + 31y &= 1 \quad \cdots \quad ① \\
79 \cdot 11 + 31 \cdot (-28) &= 1 \quad \cdots \quad ②
\end{aligned}
$$

①－②；$79(x-11) + 31(y+28) = 0 \iff 79(x-11) = -31(y+28)$

$(79, 31) = 1$ なので，$x = 31k + 11$, $y = -79k - 28$ （k は整数）

3

$(a, b) = g$ とする．

($\implies$)　$ax_0 + by_0 = c$ となる整数 x_0, y_0 が存在するならば

定理 4.3. ($*5$)，$ax_0 + by_0 \in \{\, gz \mid \exists z \in \mathbf{Z} \,\}$ から

$$c = ax_0 + by_0 = gz$$

となる整数 z が存在する．よって，c は g で割り切れる．

($\impliedby$)　c は g で割り切れるならば，

　$c = gz$ となる整数 z が存在する．

定理 4.3. ($*5$)，$c = gz \in \{\, gz \mid \exists z \in \mathbf{Z} \,\}$ から

$$c \in \{\, ax + by \mid \exists x \, \exists y \in \mathbf{Z} \,\}$$

となり，$ax + by = c$ となる整数 x, y が存在する．

4

3において，$c=1$ の場合である．

1 は (a,b) で割り切れる $\iff$ $(a,b)=1$

から明らか．

演習問題 5

1

p は素数なので，$(a,p)=p$ または $(a,p)=1$ である．

$(a,p)=p$ ならば，p は a を割り切る．

$(a,p)=1$ ならば，定理 5.1. から p は b を割り切る．

2

定理 5.1. より，$(a,b)=1$ かつ $a \mid bc$ だから，$a \mid c$．

ある整数 e が存在して，$c=ae$．

$ad=bc \iff ad=abe \iff d=be$ を得る．

3

c は a,b の公倍数であるから，定理 5.4. より

$$\mathrm{lcm}\,(a,b) \mid c \quad \cdots \quad ①$$

定理 5.5. と $(a,b)=1$ から

$$ab = \mathrm{lcm}\,(a,b) \times (a,b) = \mathrm{lcm}\,(a,b) \quad \cdots \quad ②$$

①，②から，$ab \mid c$

4

$(a, b) = g$ とすると,ある整数 a', b' が存在して,

$$a = a'g \quad b = b'g \quad \text{となる}.$$

$$a + b = (a' + b')g, \quad ab = a'b'g^2$$

となるので,g は $a+b$ と ab を割り切る.すなわち,g は $a+b$ と ab の公約数である.$a+b$ と ab が互いに素であるから,$g = 1$ である.

演習問題 6

1

$a + b$ と ab が互いに素でないとする.

$(a+b, ab) = g$ が素数ならば,g 自身が g を割り切る.

g が合成数ならば,定理 6.1. から,

ある素数 p が存在して,g を割り切る.

g が素数であろうと合成数であろうと,

ある素数 p が存在して,$p \mid (a+b)$ かつ $p \mid ab$ なので,

$$a + b = sp \quad \cdots \text{①}, \quad ab = tp \quad \cdots \text{②}$$

となる $s, t \in \mathbf{Z}$,素数 p が存在する.

系 5.2. と ② から,p は a か b を割り切る.

p が a を割り切るならば,① から $b = sp - a$ なので,p は b も割り切る.

これは,a と b は互いに素であることに矛盾する.

p が b を割り切る場合も同様であるから,$a+b$ と ab が互いに素である.

演習問題 7

1

$a \equiv b \pmod{m}$ かつ $b \equiv c \pmod{m}$ ならば

ある整数 s, t が存在して，$a + ms = b$ かつ $c + mt = b$ となる．

$\quad a + ms = c + mt \quad \Longleftrightarrow \quad a - c = m(t - s)$

$\qquad \Longleftrightarrow \quad a - c \equiv 0 \pmod{m} \quad \Longleftrightarrow \quad a \equiv c \pmod{m}$

2

(1) $a \in (x \bmod m) \cap (y \bmod m)$ する．

$a \equiv x \pmod{m}$ かつ $a \equiv y \pmod{m}$

合同式の性質 (3) 推移律 から $x \equiv y \pmod{m}$

すなわち，$(x \bmod m)$ と $(y \bmod m)$ は一致する．

(2) 任意の $a \in \mathbf{Z}$ に対して，$a = mq + r, 0 \leqq r < m$

を満たす $q, r \in \mathbf{Z}$ が唯一決まる．（第 3 講「除法の原理」）

したがって，$a \in (r \bmod m)$ である．

3

ある整数 s, t が存在して，$a = b + ms$，$a = b + nt$

$\Longleftrightarrow \quad ms = nt$ となるが，$(m, n) = 1$ だから，

$\quad s = nk, t = mk$ となる整数 k が存在する．（演習問題 5 − 2）

したがって，$a = b + mnk \quad \Longleftrightarrow \quad a \equiv b \pmod{mn}$

4

mod 8

a	0	1	2	3	4	5	6	7
a^2	0	1	4	1	0	1	4	1

8を法として考える.

x も y も 4 の倍数でないとき,表から可能である組合せは,

$(x^2, y^2, z^2) \equiv (4, 4, 0) \ (\mathrm{mod}\ 8)$ のみである.

このとき, z は 8 の倍数である.

x または y が 4 の倍数ならば xyz は 4 の倍数であるから,どのような場合も xyz は 4 の倍数である.

mod 5

a	0	1	2	3	4
a^2	0	1	4	4	1

mod 3

a	0	1	2
a^2	0	1	1

5 を法として考える.

x も y も 5 の倍数でないとき,表から可能である組合せは,

$(x^2, y^2, z^2) \equiv (1, 4, 0), (4, 1, 0) \ (\mathrm{mod}\ 5)$ のみである.

このとき, z は 5 の倍数である.

どのような場合も xyz は 5 の倍数である.

3 を法として考える.

x も y も 3 の倍数でないとき,表から可能である組合せはない.

したがって, x または y が 3 の倍数である.

どのような場合も xyz は 3 の倍数である.

以上より, xyz は 60 の倍数である.

演習問題 8

1

$4 \equiv 11 \equiv 18 \equiv 25 \equiv 32 \pmod{7}$ だから，

$x \equiv 4 \pmod{7}$ …③ を満たす $x \pmod{35}$ は

$4, 11, 18, 25, 32 \pmod{35}$

$x \pmod{35}$	4	11	18	25	32
$x \pmod{5}$	4	1	3	0	2

表から，$x \equiv 3 \pmod{5}$ …① を満たす $x \pmod{35}$ は

$x \equiv 18 \pmod{35}$

$18 \equiv 53 \equiv 88 \equiv 123 \pmod{35}$ だから，

$x \equiv 18 \pmod{35}$ を満たす $x \pmod{140}$ は

$18, 53, 88, 123 \pmod{140}$

$x \pmod{140}$	18	53	88	123
$x \pmod{4}$	2	1	0	3

表から，$x \equiv 1 \pmod{4}$ …② を満たす $x \pmod{35}$ は

$x \equiv 53 \pmod{140}$

2

$x^2 \equiv 1 \pmod{3}$ … ①

$x^2 \equiv 1 \pmod{4}$ … ②

を同時に満たす整数 x を求めればよい．

① を解くと，$x \equiv 1 \pmod{3}$ または $x \equiv 2 \pmod{3}$

② を解くと，$x \equiv 1 \pmod{4}$ または $x \equiv 3 \pmod{4}$

組合せとして，

$$\begin{cases} x \equiv 1 \pmod{3} \\ x \equiv 1 \pmod{4} \end{cases} \quad \begin{cases} x \equiv 1 \pmod{3} \\ x \equiv 3 \pmod{4} \end{cases}$$

$$\begin{cases} x \equiv 2 \pmod{3} \\ x \equiv 1 \pmod{4} \end{cases} \quad \begin{cases} x \equiv 2 \pmod{3} \\ x \equiv 3 \pmod{4} \end{cases}$$

を解いて，$x \equiv 1, 7, 5, 11 \pmod{12}$ を得る．

3

$17x \equiv 6x \pmod{11}$ だから，

$x^2 - 6x + 4 \equiv 0 \pmod{11} \iff (x-3)^2 \equiv 5 \pmod{11}$

mod 11

a	-5	-4	-3	-2	-1	1	2	3	4	5
a^2	3	5	-2	4	1	1	4	2	5	3

注：mod 11 の既約剰余系として，絶対値が最小であるものを用いている．

表から，$x - 3 \equiv \pm 4 \pmod{11}$

$\therefore x \equiv -1 \pmod{11}$ または $x \equiv 7 \pmod{11}$

4

①$\times 3$ を③，②$\times 7$ を④として，

$15x - 21y \equiv 27 \pmod{12}$ … ③
$14x + 21y \equiv 70 \pmod{12}$ … ④

③+④ より，$29x \equiv 97 \pmod{12} \iff 5x \equiv 1 \pmod{12}$

$5^2 \equiv 1 \pmod{12}$ だから，両辺に 5 をかけて $x \equiv 5 \pmod{12}$．

$5x - 7y \equiv 9 \pmod{12}$ に代入して，整理すると

$7y \equiv 4 \pmod{12}$

$7^2 \equiv 1 \pmod{12}$ だから，$y \equiv 4 \pmod{12}$

以上より，$x \equiv 5 \pmod{12}$, $y \equiv 4 \pmod{12}$

演習問題　9

1

$$\begin{aligned}
{}_pC_r &= \frac{p!}{(p-r)!\,r!} \\
&= p \times \frac{(p-1)!}{(p-r)!\,r!} \\
&= p \times \frac{(p-1)!}{\{(p-1)-r\}!\,r!} \times \frac{1}{p-r} \\
&= p \times {}_{p-1}C_r \times \frac{1}{p-r}
\end{aligned}$$

$$\iff (p-r)\,{}_pC_r = p \cdot {}_{p-1}C_r$$

p は素数なので，$(p-r)$ と p は互いに素である．

したがって，${}_pC_r$ は p の倍数となる．（→ 演習問題 **5–2**）

2

$$(a+b)^p = a^p + {}_pC_1 a^{p-1}b + {}_pC_2 a^{p-2}b^2 + \cdots + {}_pC_{p-1}ab^{p-1} + b^p$$

であるが，

${}_pC_1, {}_pC_2, \cdots, {}_pC_{p-1}$ はすべて p の倍数だから，

${}_pC_1 a^{p-1}b + \cdots + {}_pC_{p-1}ab^{p-1}$ は p の倍数である．

$${}_pC_1 a^{p-1}b + \cdots + {}_pC_{p-1}ab^{p-1} \equiv 0 \pmod{p}$$

$$\therefore \quad (a+b)^p \equiv a^p + b^p \pmod{p}$$

演習問題　11

1

除法の原理より
$$k = sq + r , 0 \leqq r < s \quad \cdots \quad ①$$
となる整数 q, r が存在する．

① と $a^s \equiv 1 \ (\text{mod}\, p)$ であるから
$$a^k = a^{sq} \cdot a^r \equiv a^r \ (\text{mod}\, p)$$
となるが，① と $a^k \equiv 1 \ (\text{mod}\, p)$ から，$a^r \equiv 1 \ (\text{mod}\, p)$ となる．
$0 \leqq r < s$ であること，指数 s の定義から，$r = 0$ でなければならない．

2

$m^2 + 1$ の素因数を p とすると
$$m^2 + 1 \equiv 0 \ (\text{mod}\, p) \quad \Longleftrightarrow \quad m^2 \equiv -1 \ (\text{mod}\, p) \quad \cdots \quad (*)$$
$$\therefore m^4 \equiv 1 \ (\text{mod}\, p)$$
定理 11.1.(2) から，m の指数は 4 の約数である．

(I) $p \neq 2$ すなわち p が奇素数のとき
$$m^1 \equiv 1 \ (\text{mod}\, p) \quad \text{も} \quad m^2 \equiv 1 \ (\text{mod}\, p)$$
も $(*)$ に矛盾するので，m の指数は 4 である．

したがって，定理 11.1.(1) から，$p - 1$ は 4 の倍数である．

すなわち，p は $4n + 1$ 形である．

(II) $p = 2$ のとき

$m \equiv 1 \ (\text{mod}\, 2)$ ならば $m^2 + 1 \equiv 0 \ (\text{mod}\, 2)$ となるので，

$m^2 + 1$ は確かに 2 を素因数にもつ．

※ $p = 2$ ならば，$-1 \equiv 1 \ (\text{mod}\, 2)$ だから，$m^1 \equiv 1 \ (\text{mod}\, p)$ も $m^2 \equiv 1 \ (\text{mod}\, p)$ も $(*)$ に矛盾しないことに注意せよ．

3

（前半）

$a^x b^y \equiv 1 \pmod{p}$ ならば

$$(a^x b^y)^s \equiv 1 \pmod{p} \iff a^{sx} \cdot b^{sy} \equiv 1 \pmod{p}$$

$$\iff b^{sy} \equiv 1 \pmod{p}$$

定理 11.1.(2) から，「sy は t の倍数である．」

$(s, t) = 1$ だから，

「y は t の倍数である．」

したがって，$b^y \equiv 1 \pmod{p}$

同様に，

$$(a^x b^y)^t \equiv 1 \pmod{p} \iff a^{tx} \cdot b^{ty} \equiv 1 \pmod{p}$$

$$\iff a^{tx} \equiv 1 \pmod{p}$$

「x は s の倍数である．」

したがって，$a^x \equiv 1 \pmod{p}$ となる．

（後半）

$(ab)^c \equiv 1 \pmod{p}$ ならば（前半）から

$a^c \equiv 1 \pmod{p}$ かつ $b^c \equiv 1 \pmod{p}$

となる．

定理 11.1.(2) から，「c は s の倍数かつ t の倍数である．」

$(s, t) = 1$ だから，

「c は st の倍数である．」

が成り立ち，ab の指数は st である．

演習問題　12

1

(1) 15 と互いに素な自然数は $1, 2, 4, 7, 8, 11, 13, 14$ の 8 個．　$\varphi(15) = 8$

(2) 21 と互いに素な自然数は $1, 2, 4, 5, 8, 10, 11, 13, 16, 17, 19, 20$ の 12 個．
$\varphi(21) = 12$

2

(1) $1, 2, \cdots, p-1$ はすべて p と互いに素だから，$\varphi(p) = p - 1$

(2) 　$n = 1, 2, \cdots, pq$ の pq 個のうち，

　p の倍数は，kp（$k = 1, 2, \cdots, q$）の q 個

　q の倍数は，kq（$k = 1, 2, \cdots, p$）の p 個

　pq の倍数は，kpq（$k = 1$）の 1 個

したがって，
$$\begin{aligned}\varphi(pq) &= pq - (p \text{ の倍数}) - (q \text{ の倍数}) + (pq \text{ の倍数}) \\ &= pq - p - q + 1 \\ &= (p-1)(q-1)\end{aligned}$$

(3) 　$n = 1, 2, \cdots, p^m$ の p^m 個のうち，

　p の倍数は，kp（$k = 1, 2, \cdots, p^{m-1}$）の p^{m-1} 個

したがって，
$$\varphi(p^m) = p^m - p^{m-1}$$

演習問題 13

1

(1) $\varphi(187) = \varphi(11)\varphi(17) = 10 \times 16 = 160$

(2) $\varphi(105) = \varphi(3)\varphi(5)\varphi(7) = 2 \times 4 \times 6 = 48$

(3) $\varphi(405) = \varphi(3^4)\varphi(5) = (3^4 - 3^3) \times 4$ （演習問題 **12**–**2**(2)）

$= 216$

2

$$\varphi\left(p^\alpha q^\beta \cdots r^\gamma\right) = \varphi\left(p^\alpha\right)\varphi\left(q^\beta\right) \cdots \varphi\left(r^\gamma\right) \quad (\because \text{定理 } \mathbf{13.1.})$$

$$= \left(p^\alpha - p^{\alpha-1}\right)\left(q^\beta - q^{\beta-1}\right) \cdots \left(r^\gamma - r^{\gamma-1}\right) \quad (\because \text{演習問題 } \mathbf{12}-\mathbf{2}\,(3))$$

$$= p^\alpha q^\beta \cdots r^\gamma \left(1 - \frac{1}{p}\right)\left(1 - \frac{1}{q}\right) \cdots \left(1 - \frac{1}{r}\right)$$

$$= a\left(1 - \frac{1}{p}\right)\left(1 - \frac{1}{q}\right) \cdots \left(1 - \frac{1}{r}\right)$$

3

(1)

$c\ (\bmod 15)$	1	2	4	7	8	11	13	14
$a\ (\bmod 3)$	1	2	1	1	2	2	1	2
$b\ (\bmod 5)$	1	2	4	2	3	1	3	4

(2) （$2\ (\bmod 3)$, $4\ (\bmod 5)$）に対して,

$$2 \equiv c\ (\bmod 3) \text{ かつ } 4 \equiv c\ (\bmod 5)$$

を満たす $c\ (\bmod 15)$ は 15 を法として唯一つ $14\ (\bmod 15)$ と決まる.

演習問題　14

1

$$\alpha,\ \alpha^2,\ \cdots,\ \alpha^{p-2},\ \alpha^{p-1} \equiv 1 \pmod{p} \quad \cdots \quad (*1)$$

$(*1)$ の任意の元はどれも $\mathcal{A}$ の元 1 つのみと合同になるので，$(*1)$ の元はどの 2 つも p を法として，合同でないことが言えればよい．

$\alpha^s \equiv \alpha^t \pmod{p}$，$(s, t = 1, 2, \cdots, p-1)$ ならば，定理 $11.1.(3)$ から

$s \equiv t \pmod{p-1}$ であるが，$s, t = 1, 2, \cdots, p-1$ であるから，$s = t$ となる．

2

方程式

$$x^2 \equiv 1 \pmod{p} \quad \cdots \quad ①$$

の解は定理 $8.3.$ から，p を法として 2 個以下である．

よって，①の解は，$1, -1 \pmod{p}$ がすべてである．

また，$\alpha^{\frac{p-1}{2}}$ は①の解であるが，$\alpha^{\frac{p-1}{2}} \equiv 1 \pmod{p}$ とすると，α が原始根であることに矛盾する．よって，$\alpha^{\frac{p-1}{2}} \equiv -1 \pmod{p}$ である．

別解

$$\alpha^{p-1} - 1 \equiv 0 \pmod{p} \iff \left(\alpha^{\frac{p-1}{2}} - 1\right)\left(\alpha^{\frac{p-1}{2}} + 1\right) \equiv 0 \pmod{p}$$

p は素数なので，$\alpha^{\frac{p-1}{2}} - 1 \equiv 0 \pmod{p}$ または $\alpha^{\frac{p-1}{2}} + 1 \equiv 0 \pmod{p}$

$\alpha^{\frac{p-1}{2}} \equiv 1 \pmod{p}$ とすると，α が原始根であることに矛盾するので，

$\alpha^{\frac{p-1}{2}} \equiv -1 \pmod{p}$ である．

3

$p = 2$ のときは $1 \equiv -1 \pmod{2}$ なので，成り立つ．

$p \geqq 3$ とする．

素数 p を法とした原始根 α に対して

$$\alpha, \alpha^2, \cdots, \alpha^{p-2}, \alpha^{p-1} \equiv 1 \pmod{p} \quad \cdots \ (*1)$$

は，素数 p を法とした既約剰余系

$$\mathcal{A} = \{\mathbf{1}, \mathbf{2}, \cdots, \mathbf{p-1}\}$$

の各 1 つずつと合同になる．（演習問題 14–1）

したがって，

$$\alpha \cdot \alpha^2 \cdot \cdots \cdot \alpha^{p-1} \equiv 1 \cdot 2 \cdot \cdots \cdot (p-1) \pmod{p}$$

$$\iff \alpha^{1+2+\cdots+(p-1)} \equiv (p-1)! \pmod{p}$$

$$\iff \alpha^{\frac{p(p-1)}{2}} \equiv (p-1)! \pmod{p}$$

$$\iff \left\{\alpha^{\frac{p-1}{2}}\right\}^p \equiv (p-1)! \pmod{p} \quad \cdots \ (*2)$$

演習問題 $14-2$ と p は奇素数であることから，$\left\{\alpha^{\frac{p-1}{2}}\right\}^p \equiv -1 \pmod{p}$ $(*2)$ と併せて，

$$-1 \equiv (p-1)! \pmod{p}$$

を得る．

演習問題　15

1

a, b の素因数分解において，どちらかが p^2 (p は素数) を含む場合は $\mu(a)\mu(b)$ も $\mu(ab)$ も 0 となる．

a, b の素因数のどちらにも p^2 (p は素数) が含まれないとする．

a, b の素因数分解をそれぞれ

$$a = p_1 p_2 \cdots p_m$$
$$b = q_1 q_2 \cdots q_n$$

とすると，$(a, b) = 1$ なので，$p_1, \cdots, p_m, q_1, \cdots, q_n$ はすべて異なる．

$$\mu(a) = (-1)^m \ , \ \mu(b) = (-1)^n$$
$$ab = p_1 p_2 \cdots p_m q_1 q_2 \cdots q_n$$

なので，

$$\mu(ab) = (-1)^{m+n}$$

となり，$\mu(a)\mu(b) = \mu(ab)$ が成り立つ．

2

ディリクレ Dirichlet の反転公式において
$$G(n) = \begin{cases} 1 & (n = 1) \\ 0 & (n > 1) \end{cases}$$
なので，
$$F(n) = \sum_{d|n} \mu\left(\frac{n}{d}\right) G(d) = \mu(n) G(1) + \sum_{\substack{d|n \\ d \neq 1}} \mu\left(\frac{n}{d}\right) G(d) = \mu(n)$$

3

ディリクレ Dirichlet の反転公式において

$G(n) = n$ なので，

$$\begin{aligned} F(n) &= \sum_{d|n} \mu\left(\frac{n}{d}\right) G(d) \\ &= \sum_{d|n} \mu\left(\frac{n}{d}\right) d \\ &= \sum_{d|n} \mu(d) \frac{n}{d} \\ &= n \sum_{d|n} \frac{\mu(d)}{d} \end{aligned}$$

$n = p_1^{\alpha_1} p_2^{\alpha_2} \cdots p_m^{\alpha_m}$ の約数のうち，p_i^2 を含む d に対して $\mu(d) = 0$ となるので，$p_1 p_2 \cdots p_m$ の約数のみを考えればよい．

$$\begin{aligned} n \sum_{d|n} \frac{\mu(d)}{d} &= n \prod_{i=1}^{m} \left(1 + \frac{\mu(p_i)}{p_i}\right) \\ &= n \left(1 - \frac{1}{p_1}\right) \cdots \left(1 - \frac{1}{p_m}\right) \\ &= \varphi(n) \quad (\rightarrow \text{ 演習問題 13–2 }) \end{aligned}$$

演習問題　16

1

(1)「mind」をコード化すると「13,9,14,4」

それぞれ表 1 から，$13^{13} \equiv 13$，$9^{13} \equiv 8$，$14^{13} \equiv 5$，$4^{13} \equiv 4 \pmod{17}$

だから，暗号文は「13,8,5,4」

(2) $\varphi(17) = 16$ だから

$$13d \equiv 1 \pmod{16}$$ となる整数 d を求める．

mod 16

x	1	3	5	7	9	11	13	15
$13x$	13	7	1	11	5	15	9	3

表から，$13 \times 5 \equiv 1 \pmod{16}$ だから $d = 5$．

(3)「11,2,7,3」は秘密鍵 $d = 5$ によって，

それぞれ表 1 から，$11^5 \equiv 10$，$2^5 \equiv 15$，$7^5 \equiv 11$，$3^5 \equiv 5 \pmod{17}$

「10,15,11,5」をアルファベットに変換すると「j,o,k,e」．

2

$m = 29 \times 31$，$\varphi(899) = 28 \times 30 = 840$ だから，

$$121d \equiv 1 \pmod{840}$$

となる整数 d を求めればよい．

Euclid の互除法

$$
\begin{aligned}
840 &= 121 \times 6 + 114 \\
121 &= 114 \times 1 + 7 \\
114 &= 7 \times 16 + 2 \\
7 &= 2 \times 3 + 1 \quad \cdots \text{①}
\end{aligned}
$$

したがって，$a = 840$，$b = 121$ とおくと

$$114 = 840 - 121 \times 6 = a - 6b$$
$$7 = 121 - 114 \times 1 = b - (a - 6b) = 7b - a.$$
$$2 = 114 - 7 \times 16 = a - 6b - 16(7b - a) = 17a - 118b.$$

① に代入して，

$$7b - a = (17a - 118b) \times 3 + 1 \iff 361b = 52a + 1$$
$$121 \times 361 = 840 \times 52 + 1$$
$$\therefore d = 361$$

演習問題 17

1

(1) $7d \equiv 1 \pmod{10}$ を満たす d は $d = 3$．

mod 10

x	1	3	7	9
$7x$	7	1	9	3

「king」をコード化すると「12,10,15,8」

$12^3 \equiv 12$，$10^3 \equiv 10$，$15^3 \equiv 9$，$8^3 \equiv 6 \pmod{22}$

だから，電子署名は「12,10,9,6」

(2) 電子署名は「4,21,18,13」は，

$4^3 \equiv 20$，$21^3 \equiv 21$，$18^3 \equiv 2$，$13^3 \equiv 19 \pmod{22}$

「20,21,2,19」をアルファベットに変換すると「s,t,a,r」

参考文献

『 初等整数論講義 』	高木　貞治	共立出版
『 初学者のための整数論 』	A・ヴェイユ	現代数学社
『 数学おもちゃ箱 』	志賀　弘典	日本評論社

用語 ＆ 記号一覧

《用語・記号》	…	《読み》	…	《ページ》
$x \mid y$	…	x は y を割り切る	…	5
(a, b)	…	a と b の最大公約数	…	5
$\mathrm{lcm}(a, b)$	…	a と b の最小公倍数	…	5
Euclid の互除法	…		…	9
$a \equiv b \pmod{m}$	…	m を法とし a と b は合同	…	20
剰余類	…		…	21
既約剰余系	…		…	21
Fermat の小定理	…		…	28
$\varphi(m)$	…	Euler 関数	…	31
Euler の定理	…		…	31
指数	…		…	33
原始根	…		…	33
Wilson の定理	…		…	46
$\mu(n)$	…	Möbius 関数	…	47
Dirichlet の反転公式	…		…	48
公開鍵	…		…	51
秘密鍵	…		…	51
単純 RSA 暗号	…		…	51
RSA 暗号	…		…	53

田中　隆幸 (たなか　たかゆき)
1958年三重県伊勢市生まれ。大阪大学大学院基礎工学研究科物理系専攻博士課程前期修了。

RSA暗号を可能にしたEulerの定理

2017年2月13日　初版発行
著　者　田中隆幸
発行者　中田典昭
発行所　東京図書出版
発売元　株式会社 リフレ出版
　　　　〒113-0021　東京都文京区本駒込 3-10-4
　　　　電話 (03)3823-9171　FAX 0120-41-8080
印　刷　株式会社 ブレイン

© Takayuki Tanaka
ISBN978-4-86641-040-1 C3041
Printed in Japan 2017
落丁・乱丁はお取替えいたします。

ご意見、ご感想をお寄せ下さい。

[宛先]　〒113-0021　東京都文京区本駒込 3-10-4
　　　　東京図書出版